Baranitharan M.
Muthulingam M.
Gopinath R.

Propriedades hepatoprotectoras das plantas nativas no contexto ambiental

Baranitharan M.
Muthulingam M.
Gopinath R.

Propriedades hepatoprotectoras das plantas nativas no contexto ambiental

Propriedades hepatoprotectoras das plantas nativas

ScienciaScripts

Imprint

Any brand names and product names mentioned in this book are subject to trademark, brand or patent protection and are trademarks or registered trademarks of their respective holders. The use of brand names, product names, common names, trade names, product descriptions etc. even without a particular marking in this work is in no way to be construed to mean that such names may be regarded as unrestricted in respect of trademark and brand protection legislation and could thus be used by anyone.

Cover image: www.ingimage.com

This book is a translation from the original published under ISBN 978-620-7-48800-1.

Publisher:
Sciencia Scripts
is a trademark of
Dodo Books Indian Ocean Ltd. and OmniScriptum S.R.L publishing group

120 High Road, East Finchley, London, N2 9ED, United Kingdom
Str. Armeneasca 28/1, office 1, Chisinau MD-2012, Republic of Moldova, Europe
Printed at: see last page
ISBN: 978-620-7-68424-3

PREFÁCIO

Nos últimos anos, o domínio da toxicologia registou uma expansão notável. Devido à proliferação de muitos compostos tóxicos de origem industrial, medicinal, ambiental, animal e vegetal, são imperativos avanços significativos neste domínio. Por conseguinte, os efeitos nocivos dos agentes físicos e químicos em todos os sistemas vivos têm merecido uma atenção especial no domínio da toxicologia. Devido ao seu processo de diagnóstico difícil, gestão controversa e objectivos finais pouco claros, a toxicologia pode funcionar como um campo descritivo e empírico separado. Antes da disponibilidade de dados de confirmação, muitas exposições fatais devem ser diagnosticadas e tratadas o mais rapidamente possível. Os estudantes que frequentam cursos de licenciatura em tecnologia laboratorial e que prestam assistência no tratamento de doentes envenenados inspirar-se-ão sobretudo nestas notas de aula de toxicologia. No entanto, pode ser pertinente para outros especialistas médicos cujas especialidades lidam com questões relacionadas. O formato esquemático do livro permite rever rapidamente as informações importantes, em particular.

Dr. M. Baranitharan, M.Sc., Ph.D., em entomologia, está a trabalhar como Professor Assistente no Departamento de Zoologia, Universidade de São José, Distrito de Chumoukedia, Nagaland na Índia. Trabalhou como Junior Research Fellow (JRF) e Senior Research Fellow (SRF) em várias agências de financiamento da investigação. Os seus esforços de investigação deram origem a 62 publicações científicas. A maioria dos seus  artigos de investigação foi publicada em revistas de renome com elevados factores de impacto. Até à data, orientei com êxito 7 candidatos ao mestrado na Faculdade de Ciências de Silapathar. Publicou 4 livros e 1 capítulo de livro no domínio da Entomologia em publicações nacionais e internacionais de renome. Atualmente, é membro editorial e revisor de revistas internacionais. Recebeu 5 prémios, tais como o International Eminent Science Award; Eminent Scientist; Young Scientist; Outstanding Scientist Award; Best Research Paper Award).

O Dr. M. Muthulingam está atualmente a realizar trabalhos de investigação centrados na Farmacologia e Toxicologia, com especial referência às plantas medicinais. Até à data, orientei com sucesso 24 candidatos a M.Phil e 5 a Ph.D.. Concluiu projectos importantes, UGC e DST. Recebeu prémios, nomeadamente o Prémio Jovem Cientista da DST e o Prémio de Investigação da  UGC, bem como o Prémio Medalha de Ouro Life Time Achievement da Academia Nacional de Investigação e Realização, Nova Deli. Além disso, participou ativamente e fez apresentações em vários simpósios nacionais e internacionais, o que lhe confere as devidas credenciais para as suas capacidades de investigação e ensino.

O Dr. Gopinath Rajendran, B.E., M.Tech., Ph.D., A.M.I.E., F.I.V., é Chefe de Departamento e Professor Associado de Engenharia Civil na Universidade de S. José, Dimapur, Nagaland, Índia. Tem mais de uma década de experiência académica, administrativa, de investigação e de inovação em institutos de importância nacional e internacional, universidades estatais e instituições autónomas em  todo o país, em várias funções, nomeadamente co-odinador académico, coordenador de colocação, chefe de departamento, etc. Além disso, tem uma bolsa de estudos em avaliação do All India Institute of Valuers. Proferiu muitas palestras e discursos em várias ocasiões. Recebeu muitos prémios e recompensas pelas suas realizações administrativas, académicas e de investigação de vários organismos profissionais mundiais. As suas funções incluem ser membro do conselho editorial e revisor de revistas de renome mundial como Taylor & Francis, etc. Os seus interesses de investigação incluem Inteligência Artificial, Aprendizagem Automática, GIS, Deteção Remota, com a combinação de Engenharia Ambiental e de Recursos Hídricos e Energias Renováveis.

AGRADECIMENTOS

Gostaríamos de estender os nossos agradecimentos ao **Chanceler Fundador, P. Arulraj**, e à Direção da Universidade de S. José, Dimapur, Nagaland, Índia, e ao **Dr. K. Elumalai,** M.Sc., M.Phil., Ph.D., Professor Assistente, Departamento de Zoologia Avançada e Biotecnologia, Government Arts College for men (Autónomo), Chennai, Índia.

ÍNDICE

1. Introdução

A doença hepática é uma das principais causas de morbilidade e mortalidade na população, afectando seres humanos de todas as idades. Todos os anos, ocorrem cerca de 20 000 mortes devido a doenças hepáticas. Algumas das doenças mais conhecidas são a hepatite viral, a doença hepática alcoólica, a doença hepática gorda não alcoólica, a doença hepática autoimune, a doença hepática metabólica, a lesão hepática induzida por medicamentos, os cálculos biliares, etc. O carcinoma hepatocelular é um dos dez tumores mais comuns no mundo, com mais de 2 50 000 novos casos por ano. De acordo com as estimativas da OMS, 170 milhões de pessoas em todo o mundo estão cronicamente infectadas apenas com hepatite C e todos os anos são acrescentados 3 a 4 milhões à lista. Além disso, há mais de 2 mil milhões de pessoas infectadas pelo vírus da hepatite B (VHB) e mais de 5 milhões são infectadas anualmente com VHB agudo.

Dependendo da duração da doença, as doenças do fígado são classificadas como agudas ou crónicas. Se a doença não exceder seis meses, é considerada uma doença hepática aguda, enquanto as doenças de maior duração são classificadas como crónicas. A hepatite viral aguda e as reacções a medicamentos são responsáveis pela maioria dos casos de doença hepática aguda. As hepatites A e B são as causas mais comuns de hepatite viral na Europa e a hepatite E é comum na Índia. A hepatite C não é normalmente reconhecida como uma infeção aguda porque raramente causa iterícia nesta fase. A lesão crónica do fígado é uma patologia comum em todo o mundo, caracterizada por inflamação e fibrose que pode levar a hepatite crónica, cirrose e cancro. A hepatite crónica ou a intoxicação a longo prazo podem danificar gravemente as células hepáticas. Inicialmente, as células danificadas são desnaturadas, mas posteriormente transformam-se em fibrose hipertrófica e necrose, podendo eventualmente progredir para hepatoma. A fibrose hepática é geralmente iniciada por danos nos hepatócitos. Sabe-se que factores biológicos, como o vírus da hepatite, a obstrução das vias biliares, a sobrecarga de colesterol, a esquistossomose, etc., ou factores químicos, como a D-galactosamina, o paracetomol, a administração de CCl4, a ingestão de álcool, etc., contribuem para a fibrose hepática. A fibrose hepática é uma das principais características de uma vasta gama de lesões hepáticas crónicas, incluindo doenças metabólicas, virais, colestáticas e genéticas. A falha na excreção de sais biliares na colestase leva à retenção de sais biliares hidrofóbicos no interior dos hepatócitos e provoca apoptose e/ou necrose. A lesão hepática mediada por fármacos/químicos é o sinal comum de toxicidade dos fármacos e é responsável por mais de 50% dos casos de insuficiência hepática aguda. O dano hepático é o maior obstáculo ao desenvolvimento de medicamentos e é a principal razão para a retirada de medicamentos do mercado. A doença hepática induzida por medicamentos pode ser previsível (alta incidência e relacionada com a dose) ou imprevisível (baixa incidência e pode ou não estar relacionada com a dose). As reacções imprevisíveis, também designadas por idiossincráticas, podem ser consideradas como reacções de hipersensibilidade imunomediada ou reacções não imunitárias. As hepatotoxinas previsíveis mais potentes são reconhecidas nos ensaios em animais ou na fase clínica do desenvolvimento de medicamentos.

1.2. Epidemiologia

A definição correcta da epidemiologia dos DILI é difícil de avaliar devido à dificuldade de diagnóstico e às questões de sinalização, com a consequente subestimação do problema.

Estudos retrospectivos realizados no Reino Unido e na Suécia registaram uma incidência estimada de 2-3/100.000 por ano na população em geral. Estudos prospectivos realizados em França e na Islândia registaram uma incidência que varia entre 13,9-19,1/100 000 por ano. Nestes estudos, as DILI induzidas por overdose de acetaminofeno foram excluídas ou representaram uma percentagem mínima, sendo mais relevantes nos Estados Unidos9. Por outro lado, a incidência de hepatotoxicidade idiossincrática parece ser coincidente entre as coortes americanas e europeias. Globalmente, a DILI é um acontecimento raro, apesar de ser responsável por uma elevada percentagem de internamentos hospitalares por icterícia, e continua a ser a primeira causa de insuficiência hepática aguda (ALF) e de transplante hepático relacionado com ALF nos EUA16. Neste cenário, a toxicidade direta da sobredosagem de acetaminofeno é preponderante. Num estudo prospetivo realizado nos EUA com 308 casos de ALF, a hepatotoxicidade idiossincrática foi confirmada apenas em 40 casos (13% do total), enquanto a sobredosagem de acetaminofeno foi responsável por 120 casos (39% do total). Excluindo a sobredosagem de acetaminofeno, a DILI é responsável por 7-15% dos casos de ALF, não só nos EUA mas também na Europa. Além disso, a DILI representa a principal causa de retirada de medicamentos ou de prevenção da comercialização de medicamentos. Entre os doentes hospitalizados, a incidência notificada de lesão hepática induzida por medicamentos é de quase 1%, sendo o risco mais elevado quando se trata de medicamentos anticancerígenos e anti-TBC. No entanto, mesmo neste grupo de doentes, a subnotificação ou a ausência de diagnóstico pode resultar em informações erróneas sobre a baixa incidência de DILI. Dada a relativa raridade do evento

DILI, a melhor compreensão do problema exige a análise de um elevado número de casos. Por este motivo, foram criados muitos registos epidemiológicos em todo o mundo.

A Drug-Induced Liver Injury Network (DILIN), fundada nos EUA pelo National Institute of Diabetes and Digestive and Kidney Diseases (NIDDK), é provavelmente o registo de DILI mais fiável do mundo. Na Europa, o registo mais vasto de DILI é o espanhol, fundado em 1994 na Universidade de Málaga, com mais de 800 casos registados. Tanto os principais registos europeus como o DILIN dos EUA concordam em referir os antibióticos como a primeira classe de medicamentos envolvidos em reacções adversas, sendo a amoxicilina/ácido clavulânico o agente individual mais frequente. Nos registos acima citados, a idade dos indivíduos que experimentaram DILI variou entre 49-53 anos (a idade média foi de 55 anos na coorte da Islândia). No DILIN, no LatinDILI e na coorte da Islândia, o sexo feminino é predominante (59%, 59% e 56%, respetivamente), ao passo que no registo espanhol há apenas uma ligeira prevalência do sexo masculino (51%). É interessante notar que, nos registos do sudeste asiático, há uma elevada prevalência de DILI relacionada com ervas, que, em alguns casos, excede 70% do total de casos. Esta parece ser uma caraterística diferente dos registos ocidentais, mas, nos últimos anos, tem-se observado um aumento da hepatotoxicidade causada por plantas e suplementos dietéticos (HDS) na rede prospetiva DILIN (segunda classe mais envolvida, 16% do total) (**Quadro 1.1**).

1.3. Padrão de danos

A identificação do padrão de dano é útil não só para a classificação, mas também para aspectos de diagnóstico, prognóstico e notificação, com o objetivo de homogeneização de dados para as agências reguladoras de medicamentos e comunicação científica.

O padrão bioquímico da lesão hepática é definido pelo rácio ALT/ULN / ALP/ULN na apresentação, o chamado "rácio R". Um $R \geq 5$ identifica o padrão de lesão hepatocelular; um $R \leq 2$ identifica o padrão colestático, enquanto um R entre 2 e 5 define o padrão misto. Se ALT>2 ULN e ALP for normal, o padrão de lesão é considerado hepatocelular29. Convencionalmente, os valores de ALT e ALP devem ser obtidos no mesmo dia ou com um intervalo máximo de 48 horas entre si. Quando a ALT ou a ALP não estão disponíveis, a AST e a γ-GT podem ser utilizadas com boa concordância no padrão de lesão hepatocelular (94-96%), mesmo que a sua fiabilidade não esteja completamente definida. Quando uma alteração das enzimas hepáticas é anterior à DILI, é possível utilizar como valor de referência anterior à lesão os níveis médios anteriores de ALT e ALP.

Para além dos padrões bioquímicos de lesão hepática acima referidos, foram propostos alguns fenótipos clínico-laboratoriais para melhor definir a doença. Estes incluem a necrose hepática aguda, a hepatite aguda, a hepatite colestática, a hepatite mista, as elevações enzimáticas sem itericia, a colestase branda, a esteatose hepática e a acidose láctica, o fígado gordo não alcoólico, a hepatite crónica, a síndrome de obstrução sinusoidal (ou doença oclusiva venosa), a hiperplasia regenerativa nodular e o desenvolvimento de adenomas e hepato-carcinomas do tipo neoplasia hepática.

Para além do padrão bioquímico, pode ser identificado um padrão histológico de danos.

Recentemente, o DILIN relatou uma série de possíveis padrões histológicos numa análise sistemática prospetiva de 249 biópsias realizadas em pacientes com suspeita de DILI: 1) hepatite aguda; 2) hepatite crónica; 3) colestase aguda; 4) colestase crónica; 5) hepatite colestática; 6) alterações granulomatosas; 7) esteatose; 8) esteato-hepatite; 9) necrose coagulativa/confluente; 10) necrose maciça/sub-maciça; 11) lesão vascular; 12) alteração hepatocelular; 13) hiperplasia nodular regenerativa; 14) lesão mista; 15) lesão não classificável; 16) alterações mínimas inespecíficas; 17) normalidade (**Tabela 1.2**).

No entanto, 206 das biópsias analisadas (83% do total), apresentavam apenas um dos cinco padrões histológicos dominantes: hepatite aguda, hepatite crónica, colestase aguda, colestase crónica e hepatite colestática. Os padrões histológicos observados estavam estritamente relacionados com os fármacos envolvidos, reforçando o conceito de *"assinatura histológica"*: um fármaco específico provoca modificações tecidulares específicas.

O conceito de *"assinatura do medicamento"* também foi fortemente validado para outras características da DILI, como a gravidade, a latência e o padrão bioquímico.

1.4. Diagnóstico

O diagnóstico de DILI é um diagnóstico de exclusão. A história clínica, o tempo de exposição ao fármaco e a evolução da lesão hepática são pontos cruciais na avaliação de indivíduos com suspeita de lesão hepática induzida por fármacos. Normalmente, as manifestações de DILI são evidenciadas nos seis meses que se seguem ao início da utilização do fármaco em causa, embora existam algumas excepções. O aspeto fundamental na avaliação de uma suspeita de DILI é a exclusão de outras causas de DILI, e o padrão bioquímico de apresentação pode ajudar no processo de diagnóstico (**Quadro 1.3**).

De acordo com as directrizes do American College of Gastroenterology (AGA), na lesão hepática hepatocelular, a primeira condição a excluir é a hepatite viral aguda (VHA,

VHB, VHC, VHE, VMC, VEB e VHS), a hepatite autoimune (HIA), as doenças hepáticas vasculares (síndrome de Budd-Chiari, lesão hepática isquémica) e a doença de Wilson. Relativamente à HIA, é de salientar que alguns fármacos, como a minociclina e a nitrofurantoína, podem induzir uma forma peculiar de DILI, muito semelhante à da HIA idiopática38 , pelo que o diagnóstico diferencial pode ser difícil. De acordo com as directrizes da AASLD, estes casos difíceis continuam a ser uma indicação para a realização de biópsia hepática.

No padrão colestático, a primeira condição a ser excluída é uma obstrução biliar. Outras condições a ter em conta incluem a nutrição parental total e a sépsis. As doenças auto-imunes biliares, como a colangite biliar primária (CBP) e a colangite esclerosante primária (CEP), podem ser investigadas através da pesquisa de auto-anticorpos específicos (AMA e p-ANCA, respetivamente) e com biópsia hepática na CBP ou técnicas de imagiologia adequadas no caso da CEP.

A imagiologia hepática pode também revelar doenças hepáticas infiltrativas44 e doenças do fígado gordo (NAFLD/ NASH). O diagnóstico diferencial inclui também a hemocromatose e a deficiência de α-1-antitripsina, que podem ser excluídas avaliando os parâmetros do metabolismo do ferro e a atividade enzimática sérica, respetivamente. Uma vez excluídas as outras possíveis causas de lesão, é necessário definir o nexo de causalidade entre o fármaco envolvido e a lesão hepática observada. Entre os parâmetros considerados na avaliação da causalidade, deve ser prestada especial atenção à definição do critério temporal (a administração do fármaco deve preceder o desenvolvimento da lesão hepática), ao de-challenge (melhoria da lesão hepática após a descontinuação do fármaco) e ao re-challenge (nova apresentação da lesão, geralmente com curta latência e maior magnitude, aquando da re-administração do fármaco).

Uma vez que o tempo de início da DILI após a administração de fármacos pode variar muito, desde alguns dias até mais de um ano, a deteção do fármaco implicado pode ser muito difícil, especialmente em polifarmacoterapia. Nestes casos, a pesquisa na literatura científica de relatos de casos ou experiências clínicas semelhantes pode ajudar a fazer o diagnóstico correto. A Liver Tox, uma base de dados em linha gratuita com mais de 650 medicamentos potencialmente hepatotóxicos, pode ser consultada gratuitamente. Foram propostos muitos sistemas de pontuação para a avaliação da causalidade da DILI. Entre outros, o método de avaliação da causalidade de Roussel Uclaf (RUCAM), a escala de Maria e Victorino (M&V) e as escalas de probabilidade de Naranjo são os mais utilizados e amplamente aceites. O RUCAM é provavelmente o mais exato e reprodutível. Tem em conta o padrão bioquímico da lesão, o tempo de início e a evolução da lesão, os factores de risco, a polifarmacoterapia, os dados da literatura sobre a hepatotoxicidade do medicamento suspeito e o efeito do *"re-challenge"* quando aplicado. A M&V foi desenvolvida com o objetivo de melhorar o desempenho da RUCAM. Quando comparada com a RUCAM, parece ser mais fácil, embora menos exacta. A escala de Naranjo não é específica para reacções adversas hepáticas, mas é a mais rápida a utilizar na avaliação de reacções adversas a medicamentos. As pontuações acima referidas foram propostas com o objetivo de garantir uma avaliação objetiva da causalidade no caso de reacções adversas a medicamentos, mas o método mais utilizado continua a ser a "opinião de peritos". No registo DILIN, três peritos analisam independentemente os casos suspeitos de DILI e a categoria de probabilidade é aceite se houver uma correspondência total das avaliações; caso contrário, os peritos reúnem-se para definir a probabilidade mais adequada. O estudo prospetivo DILIN comparou a pontuação RUCAM e a avaliação por peritos. As avaliações dos peritos demonstraram taxas de concordância mais elevadas do que a pontuação RUCAM, mas ambas apresentaram uma variabilidade inter-observador considerável (**Quadro 1.4**).

Recentemente, Bjornsson e Hoofnagle propuseram acrescentar à avaliação da causalidade a análise do número de relatórios da literatura sobre o medicamento suspeito. Classificaram os medicamentos da base de dados LiverTox em cinco categorias, de acordo com o número de relatos de casos publicados. Dos 671 fármacos investigados, 318 (47%) não tinham relatos convincentes de hepatotoxicidade. Verificaram que os agentes farmacológicos com o maior número de relatórios publicados tinham pelo menos um caso de desfecho fatal ou de um novo desafio. Estes autores propuseram um novo método de avaliação da causalidade baseado na pontuação RUCAM, que seria capaz de atribuir um peso de probabilidade diferente com base no número de casos-registos. Por conseguinte, é evidente que são necessários instrumentos novos e mais fiáveis para melhorar o diagnóstico final de DILI. Estão em curso estudos experimentais sobre a utilização de novos marcadores de lesão hepática, como a *proteína 1 da caixa de alta mobilidade*, a queratina-18 e o miRNA-122. Foram realizados vários estudos com o objetivo de identificar polimorfismos genéticos que predisponham à DILI, mas, atualmente, não existem dados sólidos, com exceção da lesão hepática induzida pela flucloxacilina. O alelo HLA-B*5701 está associado a um aumento de 80,6 vezes ($p=9x10-19$) do risco de hepatotoxicidade da flucloxacilina. Este polimorfismo tem um valor preditivo positivo baixo (0,12%) e um valor preditivo negativo elevado (99,99%). Por estas razões, o polimorfismo HLA-B*5701 pode ser útil no diagnóstico diferencial da colestase em indivíduos expostos à flucloxacilina, mas um teste positivo não deve influenciar a prescrição do medicamento.

1.5. Toxicidade hepática induzida por suplementos dietéticos e à base de plantas (HDS)

Em 1998, a Organização Mundial de Saúde estimou que 80% da população mundial utilizava preferencialmente ervas para fins terapêuticos. Tradicionalmente, esta é uma caraterística de algumas regiões do mundo, principalmente no leste ou em África, mas nos últimos anos, a utilização destes produtos aumentou significativamente também nos países ocidentais.

Tabela 1.1. Principais registos de DILI e registos epidemiológicos em todo o mundo

Definição	Período de tempo	País (ou países)	Número de casos de DILI registados	Comentários
DILIN	2004-2013	EUA	899	Apenas reacções idiossincráticas. Classes de medicamentos mais envolvidas: antimicrobianos (45%) e HDS (16%). Principais agentes isolados envolvidos: amoxicilina/ácido clavulânico (10%) e isoniazida (5%). Casos fatais: 10%. Principal padrão bioquímico de lesão na apresentação: hepatocelular (54%).
Registo Espanhol de Hepatotoxicidade	1994-2007	Espanha	603	Classe de medicamentos mais utilizada: anti-infecciosos (33%). Agente único mais utilizado: amoxicilina/ácido clavulânico (17%). A taxa de mortalidade é significativamente mais elevada na população feminina ($p<0,01$). Principal padrão bioquímico de lesão na apresentação: hepatocelular (55%).
LatimDILIN	2011-2015	Argentina, Uruguai, Chile, México, Paraguai, Venezuela, Equador, Brasil e Peru	206	Classes de medicamentos mais envolvidas: anti-infecciosos, agentes músculo-esqueléticos e hormonas sexuais. Agentes isolados mais envolvidos: amoxicilina/ácido clavulânico (10%) e diclofenac (6%). Casos fatais: 4,6%. Principal

				padrão bioquímico de lesão na apresentação: hepatocelular (54%).
Estudo de base populacional sobre IDLI na Islândia	2010-2012	Islândia	96	Incidência anual bruta de DILI idiossincrática na população da Islândia: 19,1/100.000. Classes de medicamentos mais afectadas: antibióticos 14 (37%) e imunossupressores (10%). Agentes isolados mais envolvidos: amoxicilina/ácido clavulânico (22%) e diclofenac (6%). Casos fatais: 1%.
Estudo prospetivo coreano de âmbito nacional sobre DILI	2005-2007	Coreia do Sul	371	Classe de medicamentos mais envolvida: HDS (73%). Principal padrão bioquímico de lesão na apresentação: hepatocelular (78%). Casos fatais: 1.5%.

Fígado induzido por drogas (DILI), Rede de lesões hepáticas induzidas por drogas (DILIN)

Tabela 1.2. Padrões histológicos da lesão hepática

S.N.	Padrão dominante de danos	Prevalência
1	Colestase aguda	Elevado
2	Hepatite aguda	Elevado
3	Hepatite colestática	Elevado
4	Colestase crónica	Elevado
5	Hepatite crónica	Elevado
6	Necrose coagulativa/confluente	Baixa
7	Fibrose/Cirrose	Baixa
8	Alterações granulomatosas	Baixa
9	Alteração hepatocelular	Baixa
10	Necrose maciça/sub-maciça	Baixa
11	Alterações inespecíficas mínimas	Baixa
12	Lesão mista	Baixa
13	Hiperplasia regenerativa nodular	Baixa
14	Normalidade	Baixa
15	Esteato-hepatite	Baixa
16	Esteatose	Baixa
17	Lesão não classificável	Baixa
18	Lesão vascular	Baixa

Tabela 1.3. Padrão bioquímico da lesão hepática e medicamentos relacionados, de acordo com os principais registos

S.N.	Hepatocelular	Colestático	Misto
1	Acetaminofeno	Amoxicilina-ácido clavulânico	Alopurinol
2	Alopurinol	Esteróides anabolizantes	Azatioprina
3	Clindamicina	Captopril	Carbamazepina
4	Clopidogrel	Cefazolina	Clorpromazina
5	Dissulfiram	Clorpromazina	Clindamicina
6	Fluoxetina	Ciproheptadina	Ciproheptadina
7	Flutamida	Enalapril	Doxiciclina
8	Ervas	Estrogénios	Methimazole
9	Interferão alfa e beta	Macrólidos	Fenobarbital
10	Irbesartan	Methimazole	Fenitoína
11	Isoniazida	Contraceptivos orais	Sulfonamidas
12	Cetoconazol	Sulfonilureias	Trimetoprim-sulfametoxazol
13	Lamotrigina	Terbinafina	Verapamil
14	Levofloxacina	Ticlopidina	
15	Lisinopril	Trimetoprim-sulfametoxazol	
16	Losartan	Verapamil	
17	Metotrexato		

| 18 | Metildopa
Minociclina
Micofenolato de mofetil
Nitrofurantoína
AINEs
Omeprazol
Pirazinamida
Propiltiouracilo
Rifampina
Ácido valpróico | | |

Tabela 1.4. Métodos de avaliação da causalidade para apoiar o diagnóstico de DILI

Hepatocelular	Colestático	Misto
Causalidade Roussel Uclaf Método de avaliação (RUCAM)	7 aspectos analisados: -Tempo para o início dos danos -Efeito da descontinuação do medicamento -Factores de risco -Medicamentos concomitantes -Outras causas potenciais de lesão hepática -Hepatotoxicidade conhecida do medicamento em causa -Efeito da nova prova	5 níveis de probabilidade: -Altamente provável -Provável -Possível -Não é provável -Excluído
Escala Maria e Victorino (M&V)	5 aspectos analisados: -Tempo para o início dos danos -Outras causas potenciais de lesão hepática Manifestações extra-hepáticas -Hepatotoxicidade conhecida do medicamento implicado -Efeito da nova prova	5 níveis de probabilidade: -Definido -Provável -Possível -Não é provável -Excluído
Escala Naranjo	10 perguntas respondidas como Sim/Não/Não sabe: -Relatórios anteriores conclusivos da reação? -Início da reação adversa após a administração do medicamento? -Melhoria da reação adversa após a descontinuação do medicamento ou administração do antagonista? -Reaparecimento de reacções adversas após nova administração do medicamento? -Existem outras causas possíveis para a reação? -Reaparecimento de reacções adversas após a administração de placebo? -Droga detectada no sangue em concentrações tóxicas?	4 níveis de probabilidade: -Definido -Provável -Possível -Dúvida

	-Agravamento da reação com o aumento da dose ou melhoria com a diminuição das doses? -Reacções anteriores ao medicamento ou a agentes relacionados? -Reação adversa confirmada por qualquer outra evidência?	
Fígado induzido por drogas Rede de lesões causalidade (DILIN) método de avaliação	Avaliação do caso por três peritos independentes com base no historial e nos resultados clínicos e laboratoriais. Avaliação aceite se houver um acordo total entre os três peritos avaliadores. Em caso de desacordo, os revisores reúnem-se para conciliar as diferenças e chegar a uma pontuação final única.	5 níveis de probabilidade: -Definido -Altamente provável -Provável -Possível -Improvável
Opinião de peritos	Julgamento subjetivo da associação entre o medicamento envolvido e o acontecimento adverso por um ou mais peritos	

Os produtos à base de plantas podem ter propriedades farmacológicas, mesmo que não sejam claramente reconhecidos como medicamentos, pelo que podem ter efeitos benéficos, mas também tóxicos e adversos. Tal como acontece com os medicamentos, a toxicidade hepática das plantas pode ser direta ou idiossincrática. As interacções erva-erva, erva-fármaco e os efeitos tóxicos dos contaminantes também devem ser tidos em conta. De facto, a literatura refere a adulteração de produtos à base de plantas com medicamentos tradicionais, metais pesados, micróbios ou pesticidas. A expressão inglesa "herbal and dietary supplements" (HDS) refere-se não só a produtos à base de plantas, mas também a suplementos alimentares que contêm vitaminas, minerais, aminoácidos, proteínas, enzimas, glândulas ou tecidos orgânicos, moléculas sintetizadas quimicamente e até esteróides anabolizantes ilícitos. Em muitos países, a regulamentação sobre a composição, a dosagem e a qualidade dos HDS é frequentemente inexistente ou incompleta, pelo que os fabricantes nem sempre são obrigados a declarar uma descrição analítica exaustiva dos produtos comercializados. Por estas razões, a segurança e a eficácia das SSD nem sempre são garantidas e a ocorrência de toxicidade não é, portanto, um acontecimento raro. Com base no registo DILIN, os HDS são responsáveis por 16% dos DILI observados. Em 76% destes casos, a DILI (também referida como HDSILI) foi atribuída a uma mistura de diferentes princípios activos, pelo que é difícil identificar a única substância ativa responsável pelo acontecimento tóxico. A abordagem da HDSILI deve incluir uma história clínica pormenorizada do doente, centrada na identificação do produto presumido, dos métodos de compra, da preparação, do armazenamento e da ingestão. Sempre que possível, deve obter-se a análise visual do produto e a análise laboratorial. Após uma análise adequada do produto implicado, devem ser considerados factores de confusão, como interacções medicamentosas, presença de contaminantes, doenças pré-existentes e preparação inadequada do produto. Os relatos de HDSILI são heterogéneos e de qualidade extremamente variável, principalmente devido às dificuldades na definição e caraterização dos casos. Muitas ervas da medicina tradicional chinesa, indiana e coreana, como a ephedra sinica (ma huang), a larrea tridentata (chaparral), o germandro, o cohosh preto, o visco europeu, o óleo de poejo, algumas plantas com flores que contêm alcalóides de pirrolizidina, extrato de chá verde, kratom (mitragyna speciosa), absinto romano (Artemisia herba alba), aegelina (aegle marmelos) e garcinia cambogia, foram notificados como causadores de lesões hepáticas. A abordagem diagnóstica e terapêutica da HDSILI não é diferente da DILI convencional, mas a opinião de peritos pode assegurar melhores resultados do que o RUCAM na avaliação da causalidade.

1.6. Prognóstico

O resultado da DILI é geralmente favorável, com 90% de recuperações em caso de descontinuação do fármaco, mas uma percentagem não negligenciável de indivíduos pode sofrer resultados adversos, como a ALF ou a doença hepática crónica. O sexo feminino, a idade avançada, a doença hepática pré-existente, o abuso de álcool, o padrão bioquímico hepatocelular e alguns determinantes genéticos estão associados a uma evolução mais grave da DILI e a um resultado adverso (morte ou transplante), mas os factores de risco podem variam consoante os agentes envolvidos. Nos indivíduos que experimentam uma nova provocação, em qualquer caso não intencional, o resultado pode ser pior. A ALF é definida pela presença de coagulopatia e encefalopatia em indivíduos sem cirrose hepática e com uma doença de duração inferior a 26 semanas. Está associada a uma taxa de mortalidade de 60-80% sem transplante hepático. Entre as ALF induzidas por medicamentos, a sobredosagem de acetaminofeno parece ter um melhor prognóstico do que as reacções idiossincráticas. No DILIN e no Registo Espanhol, o desfecho fatal (morte sem necessidade de transplante hepático) representou 10% e 7%, respetivamente. No caso de reacções adversas graves, o maior desafio é a identificação precoce do indivíduo cujo estado evoluirá para ALF e que necessitará de transplante hepático ortotópico, que é a melhor opção terapêutica nos indivíduos que não apresentam recuperação espontânea.

Na sobredosagem de acetaminofeno, o monograma de Rumack-Matthew, que combina os níveis plasmáticos do fármaco e o tempo decorrido desde a suposição, pode ser um instrumento válido na monitorização dos doentes. Além disso, o *modelo de lesão hepática induzida por acetaminofeno,* que considera ALT, AST, INR e creatinina, mostrou uma sensibilidade de 100% e uma especificidade de 91% na previsão da mortalidade. A avaliação do prognóstico na DILI idiossincrática pode ser mais difícil. A pontuação MELD (Model for End-Stage Liver Disease) e a hemoglobina plasmática podem ser utilizadas como indicadores de resultados a curto prazo, pelo que são necessárias para a OLT. Os critérios do King's College (KCC) foram criados em 1989 a partir da análise retrospetiva de uma coorte de 588 doentes com insuficiência hepática aguda. Na ALF induzida por acetaminofeno, o pH arterial, o tempo de protrombina e a creatinina correlacionaram-se significativamente com o prognóstico, enquanto na ALF não induzida por acetaminofeno, variáveis estáticas como a etiologia (hepatite não A, não B ou DILI), a idade e a duração da iterícia antes do início da encefalopatia e duas variáveis dinâmicas, como a bilirrubina e o tempo de protrombina, se correlacionaram com o prognóstico. Num estudo prospetivo realizado nos EUA, os CCK foram testados em 275 doentes com ALF tóxica induzida por acetaminofeno. Os CCK foram cumpridos em apenas 40 indivíduos, dos quais 19 morreram e 6 foram submetidos a transplante. Este estudo confirmou uma boa especificidade dos critérios na previsão de um desfecho fatal (92%), mas o desfecho adverso também foi elevado entre os doentes que não cumpriam os CCK, o que resultou numa baixa sensibilidade (26%). No mesmo estudo, o Acute Physiologic and Chronic Health Assessment II (APACHE II) pareceu ser mais sensível (68%) mas ligeiramente menos específico (87%) do que o CCK na previsão da sobrevivência dos doentes sem transplante. Uma meta-análise recente avaliou o desempenho do KCC e da pontuação MELD na ALF induzida por acetaminofeno e não acetaminofeno. As precisões de diagnóstico globais do KCC e do MELD foram substancialmente comparáveis, apesar de o KCC parecer ser menos sensível e a pontuação MELD menos específica. Nenhuma destas pontuações pareceu ser óptima, mas os KCC são provavelmente mais fiáveis na ALF induzida por acetaminofeno, enquanto a pontuação MELD pode ser útil na avaliação prognóstica da ALF não induzida por acetaminofeno. Na overdose de acetaminofeno, a *Sequential Organ Failure Assessment* (pontuação SOFA) demonstrou ter um desempenho melhor do que MELD, APACHE II e *KCC* na seleção de candidatos a transplante de fígado.

A combinação da pontuação MELD e dos marcadores apoptóticos séricos, como a CK-18 clivada pela caspase ou o produto intacto, através dos ELISAs M-30 ou M-65, ou a combinação desses produtos apoptóticos com parâmetros clínicos (grau de coma, INR, bilirrubina e níveis de fósforo) parece prever melhor o resultado da ALF do que as pontuações clássicas, como os critérios do Kings College e MELD. Estes métodos representam uma perspetiva atractiva, mas a sua utilização é limitada pela dificuldade de obter estas determinações por rotina. Recentemente, foi proposto um novo índice para prever a ALF em DILI. Integraram a regra de Hy com o "novo rácio R" (nR), obtido pelo rácio do mais elevado entre AST e ALT/ALP, ambos normalizados para ULN. Uma regra de Hy positiva e um nR≥ 5 na apresentação mostraram uma sensibilidade de 90% e uma especificidade de 63% na previsão do risco de ALF. Em alguns casos, a DILI pode evoluir para uma lesão crónica. No DILIN, a lesão hepática crónica é entendida como um aumento persistente das enzimas hepáticas ou evidência histológica e radiológica de lesão hepática, com uma duração de seis meses ou mais91. Utilizando este ponto de corte, a prevalência de lesão crónica é de 15-20% e a DILI colestática parece ter um maior risco de cronicidade. Recentemente, foi proposto um período de 12 meses para a definição de lesão crónica. Com este ponto de corte mais longo, a prevalência de lesão hepática crónica é de 10% e a DILI colestática não apresenta um risco acrescido de cronicidade, mas apenas uma resolução mais lenta. Os factores de risco para o desenvolvimento de DILI crónica são a idade avançada, o sexo feminino e a gravidade da DILI aguda93. Os preditores bioquímicos do desenvolvimento de lesão crónica são a ALP > 1,1 x ULN e a TB > 2,8 x ULN no segundo mês de início da lesão. A DILI crónica pode apresentar uma avaliação anatomo-patológica com diferentes padrões, tais como cirrose, esteatose, esteato-hepatite, hiperplasia nodular regenerativa, peliose e síndrome do desaparecimento das vias biliares.

1.7. Monitorização de danos e terapia

A monitorização de rotina das enzimas hepáticas não demonstrou uma relação custo/benefício favorável na prevenção do fígado contra acontecimentos adversos graves. A determinação sérica do fármaco envolvido e dos seus metabolitos pode, pelo contrário, ser útil na prevenção e gestão de alguns tipos de hepatotoxicidade direta. O desenvolvimento de sinais e sintomas de lesão hepática merece sempre uma avaliação hepatológica exaustiva. Nalguns casos, a educação do doente pode ser útil para o reconhecimento precoce dos sinais e sintomas de DILI. O principal tratamento da DILI é a descontinuação do fármaco em causa. Esta medida pode determinar uma melhoria clínica e bioquímica e prevenir lesões hepáticas graves. Para evitar a interrupção inútil das terapêuticas necessárias, a DILI clinicamente significativa deve ser distinguida do fenómeno de tolerância e da resposta adaptativa. De facto, o aumento ligeiro e transitório das enzimas hepáticas não implica necessariamente uma lesão hepática. Para distinguir a verdadeira DILI da resposta adaptativa e da tolerância, a FDA sugeriu em 2009 a realização de uma monitorização laboratorial se ALT ou AST > 3 x ULN. O medicamento suspeito deve ser descontinuado quando ALT ou AST > 8 x ULN, ALT ou AST > 5 x ULN durante mais de duas semanas e ALT ou AST > 3 x ULN com TB > 2 x ULN ou INR > 1,5 e ALT ou AST > 3 x ULN com sintomas e sinais de hipersensibilidade. Os tratamentos específicos para a DILI são escassos. A N-acetilcisteína (NAC) é o antídoto consolidado em caso de sobredosagem de acetaminofeno. A administração de NAC também pode aumentar a probabilidade de sobrevivência sem transplante em adultos diagnosticados com DILI idiossincrática devido a outras causas.

Os corticosteróides podem ser utilizados na DILI com manifestações clínicas e laboratoriais de hipersensibilidade e na hepatite autoimune induzida pela DILI. Os anti-histamínicos, como a hidroxizina e a difenidramina, podem ser úteis como tratamento sintomático do prurido na DILI colestática, eventualmente em associação com a colestiramina. Esta última pode ter uma indicação específica para o tratamento da lesão hepática induzida pela leflunomida. A L-carnitina é recomendada no tratamento da hepatotoxicidade direta induzida pelo valproato, enquanto o ácido fólico é utilizado para reduzir a toxicidade do metotrexato. O ácido ursodesoxicólico é amplamente utilizado no tratamento da DILI colestática, mas a sua eficácia é incerta. A OLT é o tratamento de resgate para a ALF induzida por DILI, mas o momento adequado e a disponibilidade de órgãos são critérios críticos. Neste cenário, os doentes com DILI colestática parecem ter essa vantagem devido à sua evolução mais lenta do que a DILI hepatocelular. A terapia MARS (*Molecular Adsorbent Recirculation System*) e outros sistemas de desintoxicação extracorporal têm sido propostos ao longo dos anos como terapias de suporte em doentes que aguardam transplante hepático, mas a sua eficácia e custo/benefício ainda estão em debate.

2. Patogénese

Os efeitos adversos hepáticos causados pelos medicamentos podem ser considerados previsíveis (alta incidência) ou imprevisíveis (baixa incidência). Os fármacos que produzem lesões hepáticas previsíveis, como o paracetamol, fazem-no normalmente no espaço de poucos dias e resultam geralmente da toxicidade hepática direta do fármaco principal ou dos seus metabolitos. Os eventos imprevisíveis manifestam-se como doença manifesta ou sintomática e podem ocorrer com períodos de latência intermédios (1-8 semanas) ou longos (1 ano). Um exemplo típico do primeiro caso é a fenitoína, e um exemplo do segundo é a isoniazida. A maioria dos acontecimentos adversos hepáticos induzidos por medicamentos são imprevisíveis e são reacções de hipersensibilidade imunomediadas ou idiossincráticas. A patogénese da lesão hepática induzida por medicamentos envolve geralmente a participação de um fármaco ou metabolito tóxico que provoca uma resposta imunitária ou afecta diretamente a bioquímica da célula. Em ambos os casos, a morte celular resultante é o evento que leva à manifestação clínica da hepatite. O metabolismo dos produtos químicos ocorre em grande parte no fígado, o que explica a suscetibilidade do órgão a lesões induzidas por drogas e dependentes do metabolismo. Os metabolitos dos medicamentos podem ser substâncias químicas electrofílicas ou radicais livres que sofrem ou promovem uma variedade de reacções químicas, como a depleção do glutatião reduzido, a ligação covalente a proteínas, lípidos ou ácidos nucleicos ou a indução da peroxidação lipídica (**Figura 3.1**). Todos eles têm efeitos directos em organelos como as mitocôndrias, o retículo endoplasmático, o citoesqueleto, os microtúbulos ou o núcleo. Podem também influenciar indiretamente os organelos celulares através da ativação e inibição de cinases de sinalização, factores de transcrição e perfis de expressão genética. O stress intracelular resultante conduz à morte celular causada quer pelo encolhimento da célula e desmembramento nuclear (apoptose), quer pelo inchaço e lise (necrose). A morte dos hepatócitos é o principal evento que leva à lesão hepática, embora as células endoteliais sinusoidais ou o epitélio do ducto biliar também possam ser alvos. Pode também ocorrer sensibilização a citocinas específicas do fígado, causando assim hepatotoxicidade induzida por citocinas. Em alternativa, o metabolito reativo pode ligar-se covalentemente a proteínas hepáticas ou alterá-las, como as enzimas do citocromo P450, conduzindo a uma resposta imunitária e a lesões imunomediadas. Esta hepatite imunomediada induzida por medicamentos é geralmente caracterizada por febre, eosinofilia ou outras reacções alérgicas que a distinguem da hepatite não imunomediada induzida por medicamentos. O mecanismo de indução da reação medicamentosa imunomediada não é claro, mas pode envolver uma ação do tipo hapteno.

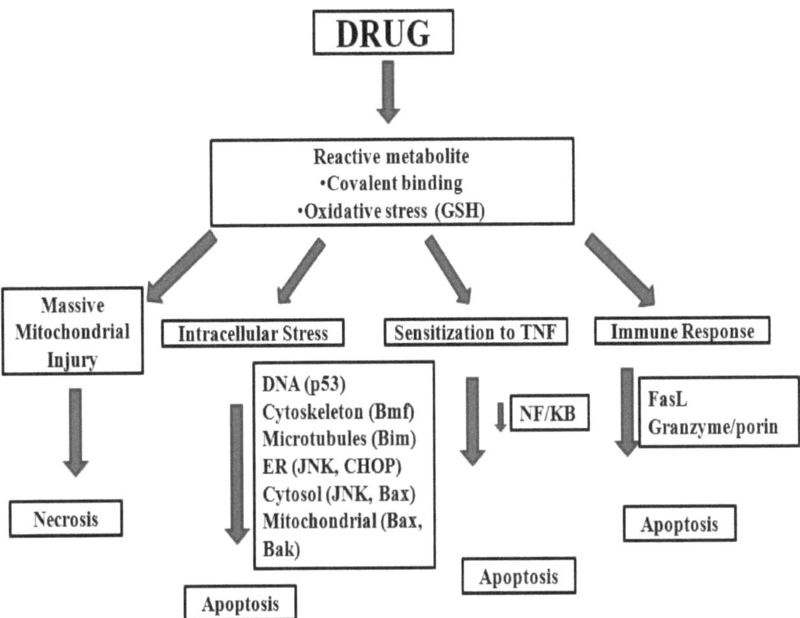

Figura 2.1. Mecanismos celulares da hepatotoxicidade dos medicamentos. Bmf, Bim, Bax e Bak são membros pró-apoptóticos da família de proteínas do linfoma-2 de células B; CHOP, proteína-10 homóloga de c/EBP; GSH, glutatião; JNK, c-jun-N-terminal kinase; f, inibição.

Em geral, os produtos químicos orgânicos de baixo peso molecular ou os fármacos não são imunogénicos, mas podem tornar-se imunogénicos quando se ligam a uma macromolécula, como uma proteína. Se um metabolito de um fármaco produzido pelo citocromo P450 for capaz de atuar como hapteno, ligar-se-á covalentemente a uma proteína do fígado e, subsequentemente, alterará essa proteína. Esta proteína alterada seria então percebida como estranha pelo sistema imunitário, resultando num ataque autoimune aos constituintes hepatocelulares normais. Esta hipótese, no entanto, não explica muitos aspectos da hepatite induzida por fármacos imunomediados. Por exemplo, a ligação covalente (haptenação) é uma ocorrência regular com fármacos, como o halotano, que raramente causam toxicidade imunomediada. É possível que um metabolito reativo também tenha de lesionar ou stressar as células hepáticas, para além de modificar uma proteína, para induzir uma resposta imunitária. Alguns medicamentos induzem exclusiva ou predominantemente colestase. Alguns deles, como o sulindac e a clorpromazina, estão associados a reacções do tipo hipersensibilidade. Os alvos imunológicos específicos destas reacções adversas do tipo hipersensibilidade são pouco conhecidos. No entanto, dado que as características histológicas predominantes são a inflamação portal e a lesão biliar, é provável que estejam relacionadas com o ducto biliar. É possível que os metabolitos tóxicos que são excretados por via canalicular reajam com macromoléculas nas células do ducto ou sofram um metabolismo adicional dentro destas células, resultando em lesão ductal. A lesão imunomediada induzida por fármacos é, portanto, uma resposta imunitária adversa contra o fígado e/ou o ducto biliar que resulta numa doença com características clínicas hepáticas, colestáticas ou mistas, cujos mecanismos não são claramente compreendidos.

2.1. Sintomas clínicos e patológicos das doenças hepáticas induzidas por medicamentos

Os medicamentos individuais que induzem doença hepática tendem a ter uma assinatura caraterística, que é composta por um padrão clínico e patológico e um período de latência (**Tabela 2.1**). Como já foi referido anteriormente, a maioria das reacções adversas é semelhante aos sintomas de hepatite aguda, colestase ou apresentações mistas. As definições aceites para estas reacções são apresentadas na **figura 2.2**. Nem todos os medicamentos apresentam uma única reação de assinatura específica; alguns, como a augmentina, apresentam mais do que uma. O período de latência pode ser curto (horas a dias), intermédio (1-8 semanas) ou longo (1-12 meses). Em alguns casos (por exemplo, a augmentina ou as eritro micinas), pode ocorrer uma reação retardada após a retirada do medicamento. Isto pode ocorrer até 3-4 semanas após a conclusão de um curso de tratamento antibiótico. O mecanismo não é compreendido, mas o efeito pode ser causado pelo desenvolvimento lento de uma resposta imunitária ao medicamento, combinado com a sua retenção prolongada no organismo. As reacções colestáticas tendem a prolongar-se após a interrupção do fármaco causador; presumivelmente, os colangiócitos reparam-se e regeneram-se mais lentamente do que os hepatócitos. Além disso, pode persistir uma resposta imunitária auto-propagadora (embora provavelmente muito raramente). Um aspeto emergente recente da reação de assinatura é o perfil de expressão genética. A utilização da toxicogenómica para identificar um padrão de expressão genética caraterístico das hepatotoxinas permitirá uma melhor compreensão do mecanismo das reacções imprevisíveis. A combinação da toxicogenómica e da proteómica pode também fornecer a tecnologia necessária para identificar indivíduos em risco e prever o potencial tóxico quando não se verificam lesões hepáticas evidentes numa pequena população estudada.

2.2. Factores de risco

O risco de desenvolver hepatotoxicidade envolve uma interação complexa entre as propriedades químicas do fármaco, factores ambientais (por exemplo, o uso de medicamentos concomitantes ou álcool), idade, sexo, doenças subjacentes (por exemplo, VIH ou diabetes) e factores genéticos (**figura 2.3**). Os factores de risco mais amplamente documentados são o consumo concomitante de drogas e as doenças. Há provas recentes de um aumento da doença hepática induzida por medicamentos em doentes com infecções por VIH, vírus da hepatite B e vírus da hepatite C, o que sugere um papel do desequilíbrio das citocinas nestes doentes. Os factores genéticos incluem genes que controlam o manuseamento da droga (metabolismo, desintoxicação e transporte), bem como os que influenciam a lesão e a reparação celular. Além disso, os polimorfismos genéticos com efeitos funcionais ocorrem em muitos dos genes que codificam as enzimas metabolizadoras e os transportadores de fármacos. No entanto, a relevância clínica de um polimorfismo genético de uma enzima metabolizadora de fármacos depende do seu papel funcional no metabolismo de um fármaco. Também foi demonstrada sensibilidade familiar aos efeitos tóxicos dos metabolitos, o que indica que estes podem ser defeitos hereditários na defesa contra lesões específicas relacionadas com a droga.

2.3. Avaliação da doença hepática clínica induzida por medicamentos

As doenças hepáticas induzidas por medicamentos imitam todas as formas de doenças hepatobiliares agudas e crónicas. No entanto, a apresentação clínica predominante assemelha-se a uma hepatite itérica aguda ou a uma doença hepática colestática. A primeira é a mais grave e tem frequentemente uma taxa de mortalidade de 10%, independentemente da droga causadora. A hepatite itérica aguda é acompanhada por níveis séricos de transaminases acentuadamente elevados e um aumento mínimo do nível de fosfatase alcalina. A coagulopatia e a encefalopatia estão presentes nos casos mais graves. A doença colestática (que também é referida como hepatite colestática) não é normalmente perigosa para a vida; apresenta-se com iterícia, prurido e aumentos acentuados dos níveis de fosfatase alcalina, bem como aumentos ligeiros dos níveis de alanina aminotransferase (ALT). Os padrões de lesões mistas com aumentos intermédios a acentuados dos níveis de ALT e fosfatase alcalina podem assemelhar-se a hepatite atípica ou hepatite granulomatosa. Muito poucos medicamentos atualmente em uso clínico estão associados a uma toxicidade hepática previsível relacionada com a dose; um exemplo é o acetaminofeno. A maioria dos casos de doença hepática induzida por medicamentos é imprevisível e os sintomas ocorrem com períodos de latência intermédios ou longos antes do início. As reacções imprevisíveis e de baixa frequência, quer de hipersensibilidade imunomediada, quer idiossincráticas, ocorrem frequentemente num contexto de maior incidência de lesões hepáticas ligeiras, assintomáticas e geralmente transitórias. Por conseguinte, o médico pode avaliar o risco de doença hepática induzida por medicamentos, tendo em conta a assinatura da doença, o período de latência, os factores de risco do doente e a exclusão de medicamentos concomitantes e de outras causas possíveis. Em casos imprevisíveis e idiossincráticos, a monitorização de rotina dos níveis de ALT pode ser útil na identificação de uma população com potencial tóxico, embora questões de custo-eficácia e de cumprimento da terapêutica tornem esta abordagem problemática. No entanto, este não é o caso das reacções previsíveis ou imunomediadas que têm um período de latência curto e um início rápido dos sintomas. O tratamento deve incluir a interrupção do tratamento com o fármaco, quando apropriado; possivelmente, um curto período de corticosteróides em doses elevadas, se as características sistémicas de hipersensibilidade forem graves; e a retirada de fármacos com reação cruzada (por exemplo, anticonvulsivantes e anestésicos halogenados). Em todos os casos de doença hepática induzida por fármacos, é pertinente avaliar se a reação adversa foi observada anteriormente, se é atenuada pela interrupção do fármaco ou se reaparece se o fármaco for reintroduzido. Além disso, é necessário assegurar que foram excluídas outras causas potenciais da reação adversa. A identificação precoce de um acontecimento adverso, juntamente com uma avaliação e monitorização eficazes, pode evitar a ocorrência de lesões hepáticas irreversíveis.

Quadro 2.1 Características clínicas e patológicas da doença hepática induzida por medicamentos

Doença de assinatura	Drogas que causam a caraterística
Hepatite aguda	Acetaminofeno, bromfenac, isoniazida, nevirapina, ritonavir, troglitazona
Hepatite crónica	Dantrolene, diclofenac, metildopa, minociclina, nitrofurantoína
Colestase aguda	Inibidores da ECA, amoxicilina/ácido clavulânico, clorpromazina, eritromicinas, sulindac
Hepatite de padrão misto ou atípico	Fenitoína, sulfonamidas
Esteato-hepatite não alcoólica	Amiodarona, tamoxifeno
Fibrose/cirrose	Metotrexato
Esteatose microvesicular	NRTIs, ácido valpróico
Doença veno-oclusiva	Busulfan, ciclofosfamida

NOTA. ECA, enzima de conversão da angiotensina; NRTI, inibidor nucleósido da transcriptase reversa

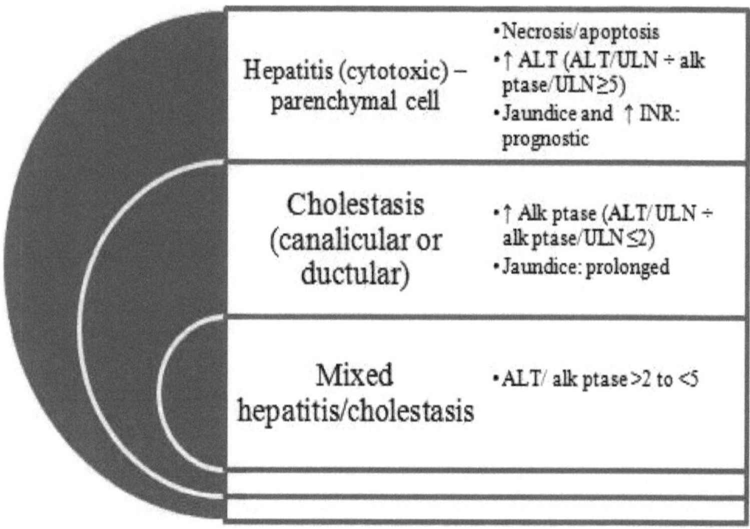

Figura 2.2. Definições de doença hepática induzida por fármacos, indicando os valores laboratoriais afectados. Alk ptase, fosfatase alcalina; ALT, alanina aminotransferase; INR, rácio normalizado internacional; ULN, limite superior do normal; F, aumento do nível.

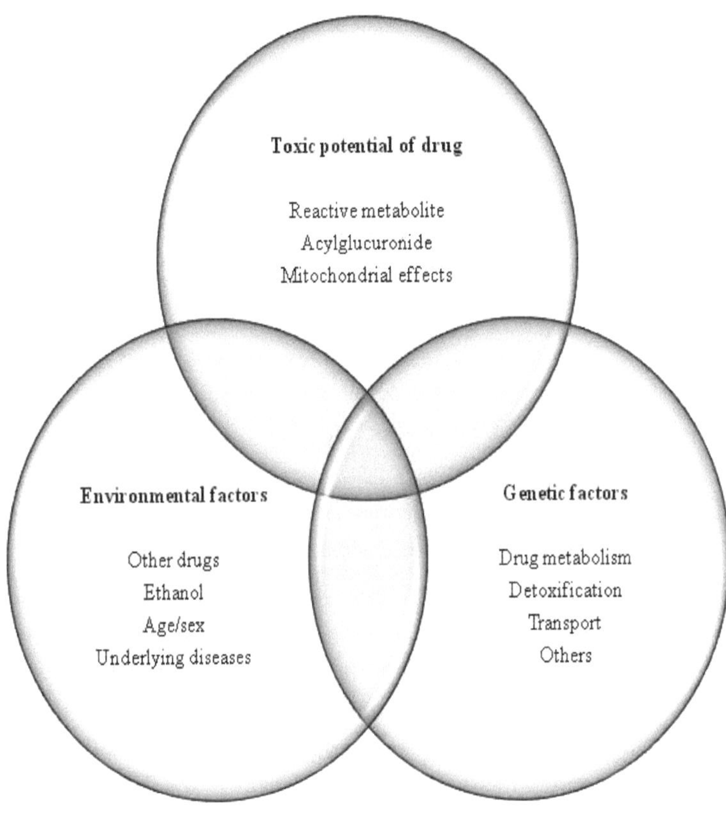

Figura 2.3. Factores de risco para a suscetibilidade à hepatotoxicidade induzida por medicamentos.

3. Classificação dos medicamentos hepatotóxicos

3.1. Introdução

O fígado desempenha um conjunto surpreendente de funções vitais na manutenção, desempenho e regulação da homeostasia do organismo. Está envolvido em quase todas as vias bioquímicas do crescimento, da luta contra a doença, do fornecimento de nutrientes, do fornecimento de energia e da reprodução. As principais funções do fígado são o metabolismo dos hidratos de carbono, das proteínas e das gorduras, a desintoxicação, a secreção de bílis e o armazenamento de vitaminas. Assim, manter um fígado saudável é um fator crucial para a saúde e o bem-estar geral.

A hepatotoxicidade implica uma lesão hepática provocada por substâncias químicas. Certos agentes medicinais, quando tomados em doses excessivas e, por vezes, mesmo quando introduzidos dentro dos limites terapêuticos, podem lesar o órgão. Outros agentes químicos, como os utilizados em laboratórios e indústrias, produtos químicos naturais (por exemplo, microcistinas) e remédios à base de plantas também podem induzir hepatotoxicidade. Os produtos químicos que provocam lesões hepáticas são designados por hepatotoxinas. Mais de 900 medicamentos foram implicados na causa de lesões hepáticas e esta é a razão mais comum para um medicamento ser retirado do mercado. Os produtos químicos causam frequentemente lesões subclínicas no fígado, que se manifestam apenas através de testes anormais das enzimas hepáticas. A lesão hepática induzida por medicamentos é responsável por 5% de todos os internamentos hospitalares e 50% de todas as insuficiências hepáticas agudas. Mais de 75% dos casos de reacções idiossincráticas a medicamentos resultam em transplante hepático ou morte.

3.2. Medicamentos anti-tuberculosos

Os medicamentos anti-tuberculosos de primeira linha, nomeadamente a rifampicina, a isoniazida e a pirazinamida, são medicamentos potencialmente hepatotóxicos. Estes medicamentos são metabolizados pelo fígado. Não foi descrita qualquer hepatotoxicidade para o Etambutol ou a Estreptomicina. Os efeitos adversos da terapêutica antituberculosa são por vezes potenciados por regimes de múltiplos fármacos. Assim, embora a INH, a rifampicina e a pirazinamida sejam, por si só, potencialmente hepatotóxicas, quando administradas em combinação, o seu efeito tóxico é reforçado. Com base nos critérios de diagnóstico de hepatotoxicidade e na população em estudo, a incidência de hepatotoxicidade relacionada com a anti-TB é registada entre 2% e 28%.

Rifampicina

Os doentes em tratamento simultâneo com rifampicina têm uma incidência acrescida de hepatite. Este facto foi postulado devido à indução da enzima do citocromo P450 induzida pela rifampicina, causando um aumento da produção dos metabolitos tóxicos da acetil-hidrazina (AcHz). A rifampicina também aumenta o metabolismo da INH para ácido isonicotínico e hidrazina, ambos hepatotóxicos. A meia-vida plasmática do AcHz (metabolito da INH) é encurtada pela Rifampicina e o AcHz é rapidamente convertido nos seus metabolitos activos, aumentando a taxa de eliminação oxidativa do AcHz, o que está relacionado com a maior incidência de necrose hepática causada pela INH e pela Rifampicina em combinação. A Rifampicina também interage com os medicamentos anti-retrovirais e afecta os níveis plasmáticos destes medicamentos, bem como o risco de hepatotoxicidade.

3.2.1. Isoniazida

A hepatotoxicidade da isoniazida é uma complicação comum da terapêutica antituberculose que varia em termos de gravidade, desde a elevação assintomática das transaminases séricas até à insuficiência hepática que requer

transplante. Isto não é causado por níveis plasmáticos elevados de isoniazida, mas parece representar uma resposta idiossincrática. A INH é metabolizada em monoacetil hidrazina, que por sua vez é metabolizada num produto tóxico pelo citocromo P450, levando à hepatotoxicidade. Estudos genéticos em humanos demonstraram que o citocromo P4502E1 (CYP2E1) está envolvido na hepatotoxicidade dos medicamentos anti-tuberculose. O genótipo CYP2E1 c1/c1 está associado a uma maior atividade do CYP2E1 e pode levar a uma maior produção de hepatotoxinas. Estudos realizados em ratos mostraram que a isoniazida e a hidrazina induzem a atividade do CYP2E1. A isoniazida tem um efeito inibidor na atividade dos CYP1A2, 2A6, 2C19 e 3A4. Sugere-se que o CYP1A2 esteja envolvido na desintoxicação da hidrazina. A isoniazida pode induzir a sua própria toxicidade, possivelmente através da indução ou inibição destas enzimas.

3.2.2. Pirazinamida

A pirazinamida (PZA; amida do ácido pirazóico) é convertida em ácido pirazinóico e posteriormente oxidada em ácido 5-hidroxipirazinóico pela xantina oxidase. A semi-vida sérica da pirazinamida não está relacionada com a duração do tratamento, o que indica que a pirazinamida não induz as enzimas responsáveis pelo seu metabolismo. O mecanismo da toxicidade induzida pela pirazinamida é desconhecido; não se sabe quais as enzimas envolvidas na toxicidade da pirazinamida e se a toxicidade é causada pela pirazinamida ou pelos seus metabolitos. Num estudo em ratos, a pirazinamida inibiu a atividade de vários isoenzimas CYP450 (2B, 2C, 2E1, 3A), mas um estudo em microssomas hepáticos humanos mostrou que a pirazinamida não tem qualquer efeito inibidor sobre os isoenzimas CYP450.

3.3. Anti-inflamatórios não esteróides

A acetaminofena, a nimesulida, o diclofenac e o ibuprofeno são anti-inflamatórios não esteróides (AINE) que constituem a peça central da farmacoterapia para a maioria das doenças reumatológicas e são utilizados em grande número como analgésicos e antipiréticos, tanto com receita médica como em venda livre. É a causa mais importante de lesões tóxicas induzidas por medicamentos em vários sistemas de órgãos, incluindo lesões bem conhecidas no trato gastrointestinal e nos rins. Em caso de sobredosagem, o analgésico/antipirético acetaminofeno produz necrose hepática centrilobular. O risco epidemiológico de lesão hepática clinicamente aparente é baixo (1-8 casos por 100 000 doentes-ano de utilização de AINE), mas quando ocorre, pode ser grave e causar confusão diagnóstica. No entanto, a utilização de ibuprofeno aumentou rapidamente entre 1998 e 2000. Quase todos os AINEs foram implicados na causa de lesões hepáticas, que tendem a ser de natureza hepatocelular: pensa-se que o mecanismo seja uma idiossincrasia imunológica. Vários AINE foram retirados do uso clínico devido à hepatotoxicidade associada. Os novos inibidores mais selectivos da COX-2 (por exemplo, celecoxib, rofecoxib, nimesulida) também estão associados à hepatotoxicidade, embora se afirme que o celecoxib tem um menor potencial de hepatotoxicidade.

Exemplos de AINEs de várias classes retirados ou abandonados devido a hepatotoxicidade:

Derivados do ácido antranílico: Cinchophen e Glafanine.

Derivados do ácido acético: Anfenac, ácido fenclozico, isoxepac e bromofenac.

Derivados do ácido propiónico: Benoxaprofeno, Ibufenac, Pirprofenac, Suprofenac e Fenbufen.

Derivados da pirazolona: Fenilbutazona, oxifenbutazona Oxicames: Isoxicam, Sudoxicam.

Derivados da quinazonlona: Fluproquazona.

3.3.1. Mecanismo de toxicidade dos AINE

Recentemente, foram utilizados vários modelos animais *in vitro* para investigar os possíveis mecanismos da hepatotoxicidade relacionada com os AINE. Estudos que utilizaram mitocôndrias de fígado de rato e hepatócitos de rato recentemente isolados mostraram que a difenilamina, que é comum na estrutura dos AINE, desacopla a fosforilação oxidativa, diminui o teor de ATP hepático e induz lesão dos hepatócitos. A incubação de mitocôndrias com difenilamina, ácido mefenâmico ou diclofenac causou inchaço mitocondrial. Além disso, ocorreu uma deslocação espetral dos espectros de ligação da safranina às mitocôndrias, indicando a perda de potenciais de membrana mitocondrial (uma das características do desacoplamento da fosforilação oxidativa). A adição de oligomicina, que bloqueia a ATPase, protegeu contra a lesão celular. Na toxicidade induzida pelo diclofenac em hepatócitos, não se observou qualquer stress oxidativo significativo (diminuição do glutatião e da peroxidação lipídica) ou aumento da concentração de cálcio intracelular. A administração de paracetamol causa necrose dos hepatócitos centrilobulares, caracterizada por picnose nuclear e citoplasma eosinofílico, seguida de uma lesão hepática grande e excessiva. A ligação covalente da N-acetil-Pbenzoquinoneimina, um produto oxidativo do paracetamol aos grupos sulfidrilo das proteínas, resulta na degradação peroxidativa lipídica do nível de glutatião, produzindo assim necrose celular no fígado.

3.3.2. Diclofenac

A hepatotoxicidade do diclofenac é um arquétipo de DILI (Drug induced liver injury) idiossincrática (Mitchell *et al.*, 1973). Cerca de 15% dos doentes que tomam regularmente diclofenac desenvolvem níveis elevados de enzimas hepáticas, tendo sido registado um aumento de três vezes nos níveis de transaminases em 5%. O diclofenac está associado a um padrão predominantemente hepatocelular de lesão hepática, mas também foi descrito um padrão colestático de lesão hepática e casos semelhantes a hepatite autoimune (Aithal, 2004). Para além da 4' -hidroxilação pelo citocromo P450 2C9, o diclofenac sofre glucuronidação pela UDP-glucuronosiltransferase-2B7 para formar um acil glucuronido instável. Este último sofre oxidação adicional pelo CYP2C8. Além disso, a CYP2C8 catalisa a formação de 5-hidroxidiclofenac. Tanto o diclofenac acil glucuronido como as iminas de benzoquinona derivadas do 5-hidroxidiclofenac modificam as proteínas de forma covalente; por conseguinte, tanto a diminuição como o aumento da atividade do CYP2C8 aumentam potencialmente o risco de hepatotoxicidade. A MRP2 está envolvida no transporte do diclofenac acil glucuronido para os canalículos biliares e o metabolito acumula-se com a diminuição da expressão da MRP2. A acumulação de metabolitos reactivos gera stress oxidativo e transição da permeabilidade mitocondrial, conduzindo a lesões celulares. Além disso, a ligação covalente de metabolitos reactivos a proteínas "próprias" resulta na formação de neoantigénios. Uma lesão hepática ligeira num indivíduo suscetível e num ambiente celular pró-inflamatório pode progredir para uma DILI grave, ou os aductos de diclofenac libertados dos hepatócitos moribundos podem ser fagocitados por APCs e apresentados a moléculas MHC II. O reconhecimento de neoantigénios por células T auxiliares leva à sua ativação e a uma resposta de células efectoras. Os hepatócitos expressam moléculas MHC I na sua superfície (o que aumenta ainda mais com a inflamação) e podem apresentar aductos de diclofenac, levando a uma lesão hepática mediada por células T citotóxicas. Alternativamente, as células B podem reconhecer os aductos de diclofenac na membrana plasmática de

hepatócitos, levando à sua maturação em plasmócitos, à secreção de anticorpos e à destruição imunológica dos hepatócitos. Abreviaturas: APC, célula apresentadora de antigénios; DILI, lesão hepática induzida por fármacos; IL, interleucina; MRP2, proteína 2 de resistência a múltiplos fármacos; TCR, recetor de células T.

3.3.3. Sulindac

O sulindac tem sido o fármaco mais consistentemente associado à hepatotoxicidade. Os relatórios publicados consistem em 91 casos de lesão hepática, dos quais 43% apresentam um padrão colestático (a lesão hepática leva à diminuição do fluxo biliar e os casos são predominados por prurido e iterícia), 25% um padrão hepatocelular e os restantes um padrão misto de lesão. A maioria dos doentes (67%) apresentava iterícia e quatro doentes morreram. O sulindac inibe competitivamente o transporte canalicular de sais biliares, e esta inibição pode contribuir para a lesão hepática colestática.

3.4. Anti-retrovirais de arrasto

Vários anti-retrovirais foram notificados como causadores de hepatite aguda fatal; na maioria dos casos, provocam elevações assintomáticas das transaminases. A toxicidade hepática é mais frequente em indivíduos com hepatite crónica C e/ou B. A incidência de toxicidade hepática induzida por medicamentos não é bem conhecida para a maioria dos anti-retrovirais. A toxicidade hepática, especialmente a toxicidade grave, é claramente mais frequente em indivíduos co-infectados com VHC (hepatite C) e/ou VHB (hepatite B) tratados com HAART (terapia antirretroviral altamente ativa, geralmente uma combinação de dois ou três medicamentos).

3.4.1. Inibidores de proteases

Exemplos: Ritonavir, Indinavir, Saquinavir, Nelfinavir A hepatotoxicidade tornou-se mais evidente após a introdução de ART (Anti-retrovirais) de elevada atividade, que inicialmente incluíam invariavelmente um inibidor da protease (IP). No entanto, nenhum dos estudos foi capaz de provar o maior potencial de toxicidade hepática desta família específica de medicamentos. Entre os IP, alguns estudos revelaram que a dose completa de ritonavir (RTV) é mais hepatotóxica, embora estes resultados não tenham sido confirmados por outros. Em certos casos, o RTV causou hepatite aguda fatal. Foram também notificados vários casos de toxicidade hepática associados à utilização de indinavir (IDV) e saquinavir (SQV). O nelfinavir foi considerado menos hepatotóxico do que os outros IP analisados (RTV, IDV, SQV amprenavir (APV) num estudo que avaliou 1052 doentes.

3.4.2. Inibidores da transcriptase reversa análogos dos nucleósidos (NRTI)

Exemplos: Lamivudina (3TC), Tenofovir, Zidovudina, Didanosina, Estavudina, Abacavir (ABC) e Tenofovir (TDF). Alguns estudos revelaram uma menor incidência de hepatotoxicidade com a lamivudina (3TC) e o tenofovir (Nunez *et al.,* 2001). No entanto, a maioria dos NRTI pode induzir danos nas mitocôndrias e, por conseguinte, tem um potencial para o desenvolvimento de lesões hepáticas. Foram notificados casos de insuficiência hepática em doentes que tomavam zidovudina, mas a didanosina e a estavudina foram as mais frequentemente envolvidas em casos de hepatotoxicidade grave. O abacavir (ABC) e o tenofovir (TDF), com baixo potencial de lesão mitocondrial, parecem ter um perfil mais seguro no que respeita ao fígado. Em doentes com hepatite B crónica, a retirada do 3TC pode ser acompanhada por um surto de replicação do VHB, traduzido por um aumento das transaminases.

3.4.3. Inibidores da transcriptase reversa não análogos de nucleósidos

Exemplos: Nevirapina, Emtricitabina, Efavirenz. O risco de toxicidade hepática associado aos inibidores da transcriptase reversa não análogos de nucleósidos (NNRTI) é variável e envolve vários aspectos e mecanismos. Foram notificados vários casos de toxicidade hepática grave, alguns dos quais fatais, em indivíduos que receberam NVP (nevirapina) como parte de um regime de profilaxia pós-exposição. Embora alguns autores tenham encontrado um risco mais elevado de toxicidade hepática para a NVP em comparação com o efavirenz (EFZ), outros não o encontraram. É interessante o facto de um dos estudos não ter encontrado hepatotoxicidade cruzada entre a NVP e a EFZ. No mesmo estudo, a morbilidade e a mortalidade derivadas da toxicidade hepática entre os doentes que tomavam NVP ou EFZ eram semelhantes. Além disso, num estudo que avaliou a hepatotoxicidade da NVP, as transaminases diminuíram em muitos dos doentes que continuaram a tomar o mesmo tratamento.

3.4.4. Mecanismo de toxicidade dos anti-retrovirais

Os possíveis mecanismos envolvidos no desenvolvimento de hepatotoxicidade associada ao uso de anti-retrovirais são resumidos a seguir. É provável que múltiplas vias patogénicas concorram simultaneamente em alguns doentes, sendo difícil identificar os mecanismos exactos envolvidos no desenvolvimento da hepatotoxicidade.

3.4.4.1. Toxicidade direta

Os anti-retrovirais, como qualquer outro fármaco, podem induzir toxicidade direta no fígado. Os medicamentos metabolizados no fígado através das vias do citocromo podem causar toxicidade hepática quando existem polimorfismos nas enzimas. Uma vez que muitos dos anti-retrovirais são metabolizados no fígado através das vias do citocromo, os polimorfismos idiossincráticos dos complexos enzimáticos podem levar a uma heterogeneidade significativa no metabolismo dos medicamentos, predispondo ao desenvolvimento de hepatotoxicidade em determinados indivíduos. Alguns medicamentos podem potenciar a ativação de receptores de morte e/ou de vias de stress intracelular.

3.4.4.2. Reacções de hipersensibilidade

As reacções de hipersensibilidade são reacções idiossincráticas do hospedeiro, não relacionadas com a dose do medicamento. As reacções medicamentosas imunomediadas parecem envolver a geração de neoantigénios formados pela reação de proteínas hepáticas com metabolitos reactivos do medicamento. As reacções de hipersensibilidade foram comunicadas com relativa frequência com a NVP e o abacavir (ABC), tanto em doentes infectados pelo VIH como em indivíduos que recebem profilaxia após exposição ao VIH, mas também com outros anti-retrovirais, como a zalcitabina (ddC).

3.4.4.3. Toxicidade mitocondrial

É pouco frequente, mas é um tipo distinto de hepatotoxicidade que pode evoluir para insuficiência hepática aguda. A principal caraterística da lesão hepática é a acumulação de esteatose micro vesicular nas células hepáticas e a depleção mitocondrial. Esta lesão inicial pode evoluir para esteatose macro-vesicular com necrose focal, fibrose, colestase, proliferação de canais biliares e corpos de Mallory, um quadro clínico semelhante à toxicidade hepática induzida pelo álcool, esteatose da gravidez ou síndroma de Reye. É interessante notar que a doença hepática subjacente não predispõe a este tipo de lesão. Acredita-se que a exposição cumulativa aos NRTI é um fator importante para o desenvolvimento da acidose láctica, uma vez que esta surge normalmente após um tratamento prolongado, geralmente anos, e está correlacionada com o número de NRTI concomitantes. Os dados in vitro apoiam uma toxicidade mitocondrial aditiva ou sinérgica a longo prazo com algumas combinações de NRTI.

3.5. Medicamentos anti-hiperlipidémicos

O padrão de lesão hepática provocada pelos anti-hiperlipidémicos é tipicamente hepatocelular ou de natureza mista, com raros casos de quadro colestático puro. Os mecanismos propostos para a hepatotoxicidade são variados, dependendo do fármaco ou da classe de fármacos, e incluem efeitos no sistema do citocromo P450, comprometimento das proteínas de transporte dos ácidos biliares, resposta inflamatória imunomediada ao medicamento ou aos seus metabolitos, apoptose imunomediada pelo fator de necrose tumoral e stress oxidativo devido a danos intracelulares. O medicamento anti-hiperlipidémico com maior potencial de lesão hepática é a formulação de libertação sustentada de niacina. Os inibidores da HMG CoA redutase, também conhecidos como estatinas, muito raramente causam lesão hepática clinicamente significativa, embora seja comum a elevação assintomática das amino transferases.

3.5.1. Estatinas

As estatinas inibem competitivamente a 3-hidroxi-3-metilglutarilcoenzima A (HMG-CoA) redutase, uma enzima necessária para a biossíntese do colesterol; actuam também de várias formas para diminuir o nível de lipoproteínas de baixa densidade (LDL) e aumentar a estabilidade das placas ateroscleróticas. Os estudos iniciais das estatinas efectuados em animais revelaram que doses muito elevadas de estatinas podem causar hepatotoxicidade, mas as doses terapêuticas típicas do medicamento não foram associadas a lesões hepáticas significativas. Doses elevadas de lovastatina causaram necrose hepatocelular significativa em coelhos. Este padrão de lesão também foi observado num modelo de cobaia exposto a doses elevadas de sinvastatina. No entanto, a necrose hepatocelular causada pelas estatinas é excecionalmente rara nos seres humanos.

3.5.2. Atorvastanina

A hepatotoxicidade relacionada com a atorvastatina tem sido associada a um padrão misto de lesão hepática que ocorre tipicamente vários meses após o início da medicação. Também foi recentemente relatado um caso de hepatite autoimune subjacente aparentemente revelada pela atorvastatina. Após uma vasta experiência com este medicamento (centenas de milhares de doentes tratados), os níveis de transaminases significativamente aumentados, superiores a 3 vezes o limite superior do normal, só foram observados em 0,7% dos casos.

3.5.3. Lovastatina

Foi também registada lesão hepática mista com padrões hepatocelulares e colestáticos com a utilização de Lovastatina. Este tipo de lesão hepática abrange danos com proporções variáveis de envolvimento citotóxico e colestático. O efeito direto ou a produção de adutos enzimáticos leva à disfunção celular, à disfunção das membranas e à resposta citotóxica das células T. Um caso relatado em que foi efectuada uma biopsia hepática revelou achados histológicos de necrose centrilobular e colestase com um infiltrado inflamatório misto.

3.5.4. Sinvastatina

A hipótese é que a hepatotoxicidade da sinvastatina ocorre devido a interacções medicamentosas 1). Há relatos de casos que descrevem hepatotoxicidade quando a sinvastatina é utilizada em conjunto com flutamida, troglitazona e diltiazem.

3.5.5. Pravastatina

Foi relatado que a pravastatina pode causar colestase intra-hepática aguda. Neste caso, a toxicidade hepática ocorreu no prazo de 2 meses após o início do medicamento e resolveu-se no prazo de 2 meses após a sua descontinuação.

3.5.6. Niacina

A utilização não supervisionada da formulação de libertação prolongada de niacina conduz frequentemente à sua toxicidade relacionada com a dose e deve ser desencorajada. O início da hepatotoxicidade surge geralmente entre uma semana e 48 meses após o início da toma do fármaco e desaparece normalmente com a descontinuação. O padrão típico de lesão envolve uma elevação dos níveis de amino transferase, embora possa ser observado um padrão misto de lesão hepatocelular e colestática.

3.5.7. Fibratos

Vários estudos relacionaram o clofibrato e o gemfibrozil com a hepatomegalia, a apoptose dos hepatócitos e a hepatocarcinogénese em modelos de roedores.

3.5.8. Ezetimiba

Estudos recentes observaram que a ezetimiba pode raramente causar hepatotoxicidade sob a forma de hepatite colestática grave e hepatite autoimune aguda. O mecanismo de toxicidade pode estar relacionado com o metabolismo do fármaco; é rapidamente absorvido e glucuronidado, dando origem a um metabolito ativo e há uma recirculação entero-hepática significativa.

3.6. Agentes anestésicos

São os agentes que provocam uma perda reversível da dor e da sensibilidade. São de dois tipos: os anestésicos locais e os anestésicos gerais. Estes agentes causam lesões hepatocelulares (toxicidade direta e hipersensibilidade imunomediada) e interferem com o metabolismo da bilirrubina, provocando colestase.

3.6.1. Halotano

O halotano foi introduzido como anestésico em 1956 e substituiu o éter como anestésico de eleição. No espaço de dois anos, foram notificados casos isolados de hepatite grave. Foram definidos dois tipos de hepatotoxicidade mediada pelo halotano: O primeiro tipo, tipo I, é uma hepatotoxicidade pós-operatória ligeira e autolimitada, com uma forma ligeira de lesão hepatocelular que pode ser observada em cerca de 20% dos doentes tratados com halotano. Presume-se que a lesão hepática ligeira resulte da ação direta do halotano nas células hepáticas. Dois factores clinicamente detectáveis parecem contribuir para a forma ligeira de lesão hepática. O primeiro é uma elevação transitória das enzimas hepáticas e o segundo é a alteração da integridade celular, que pode ser detectada por microscopia eletrónica. As lesões resultam da degradação intracelular do halotano através das suas vias anaeróbica e aeróbica em combinação com hipoxia local causada por uma alteração da relação entre a procura e o fornecimento de oxigénio hepático. O segundo tipo de hepatotoxicidade mediada pelo halotano é a hepatite por halotano de tipo II. A incidência deste tipo de hepatotoxicidade após a administração de halotano é de um caso por 10000-30000 doentes adultos. O mecanismo provável é, muito provavelmente, uma hepatotoxicidade imunomediada; os anticorpos são contra proteínas microssomais hepáticas modificadas nas superfícies dos hepatócitos. Existem fortes indícios de que a forma fulminante da hepatite por halotano é mediada pelo sistema imunitário do próprio doente. Para além dos sinais de lesão celular ligeira, a acetilação dos tecidos é normalmente encontrada devido à geração de intermediários reactivos do metabolismo do halotano. A acetilação das proteínas intracelulares é considerada como o primeiro passo na patogénese do tipo grave de lesão hepática. O segundo passo envolve então a formação de anticorpos dirigidos a estes neoantigénios acetilados. O citocromo P450 2E1 (CYP2E1) é um catalisador importante na formação de proteínas trifluoroacetiladas, que foram implicadas como antigénios alvo no mecanismo da hepatite por halotano.

3.6.2. Clorofórmio

O clorofórmio tem efeitos tóxicos semelhantes aos do tetracloreto de carbono. O metabolismo pelo citocromo P450 microssomal é obrigatório para a toxicidade hepática, renal e nasal induzida pelo clorofórmio. Aparentemente, o metabolismo oxidativo do clorofórmio mediado pelo citocromo P450 resulta na formação de cloreto inorgânico (excretado na urina), CO_2 (exalado), fosgénio e algum carbono hepático ligado covalentemente (através de radicais livres ou da formação de fosgénio). Foi encontrada uma ligação covalente extensa às proteínas dos rins e do fígado em relação direta com a existência de necrose tubular centrilobular hepática e tubular piroximal renal.

3.6.3. Isoflurano, Enflurano, Desflurano

Foi registada lesão hepática pós-operatória após anestesia com isoflurano, enflurano e desflurano. A hepatotoxicidade resulta de uma resposta imunitária dirigida contra proteínas hepáticas alteradas por metabolitos trifluoroacetil ou semelhantes a trifluoroacetil dos anestésicos. Apenas alguns casos de hepatotoxicidade causalmente relacionados com o isoflurano foram relatados, um achado consistente com o seu menor metabolismo e níveis mais baixos de proteínas trifluoroacetil formadas. O isoflurano, o enflurano e o desflurano sofrem um metabolismo oxidativo catalisado pelo citocromo P450 2EI hepático. Os metabolitos redutores produzidos em condições de hipoxia produziram necrose centrilobular no fígado de ratos.

3.6.4. Óxido nitroso

Uma sugestão de um papel hepatotóxico facilitador e o óxido nitroso foi utilizado em praticamente todos os casos de hepatite inexplicada. Um possível papel poderia envolver o aumento do risco de hipoxia e a inibição da metionina sintetase. Os efeitos nocivos do aumento da produção de NO no fígado incluem a inibição das enzimas da cadeia respiratória mitocondrial e da gluconeogénese. Nos hepatócitos em cultura, o NO inibe a síntese proteica total e a contração dos canais biliares.

3.6.5. Medicamentos anti-reumáticos

Os agentes anti-reumáticos são um dos fármacos mais frequentemente utilizados e associados a reacções adversas hepáticas. A sulfassalazina e a azatioprina estão entre as causas mais importantes de hepatotoxicidade aguda. Um estudo de caso-controlo de base populacional que incluiu 1,64 milhões de indivíduos concluiu que a sulfassalazina e a azatioprina se encontram entre os fármacos mais hepatotóxicos de qualquer classe, estando ambos associados a uma incidência de lesão hepática de cerca de 1 por 1000 utilizadores.

3.6.6. Hepatotoxicidade da sulfassalazina

O DMARD sulfassalazina é habitualmente utilizado para tratar a AR e a artrite psoriática (APS). A incidência estimada de hepatotoxicidade grave foi mais elevada (4 por 1.000 utilizadores) numa coorte de doentes com artrite inflamatória. A maioria dos casos ocorre no primeiro mês após o início da terapêutica com sulfassalazina e pode apresentar-se como um padrão hepatocelular ou colestático de lesão hepática. Cerca de 25% dos doentes apresentam iterícia e uma parte destes desenvolve rapidamente insuficiência hepática.

3.6.7. Colestase induzida por sal de ouro

Apesar de uma maior escolha de DMARDs e da introdução de terapias biológicas, os sais de ouro continuam a ser utilizados em 7-11% dos doentes com AR e APS. Os efeitos hepatotóxicos desenvolvem-se em cerca de 1% dos doentes que recebem terapêutica com sais de ouro. Foram também notificados padrões hepatocelulares rapidamente progressivos de DILI que conduziram a insuficiência hepática e morte ou a transplante devido a necrose hepática após terapêutica parentérica com ouro.

3.6.8. Hepatotoxicidade da azatioprina

Como imunossupressor, a azatioprina é utilizada no tratamento de uma variedade de doenças inflamatórias, incluindo AR e APS. Os efeitos hepatotóxicos associados à utilização da azatioprina incluem DILI aguda, bem como síndromes vasculares, incluindo hiperplasia nodular regenerativa (NRH), doença veno-oclusiva hepática e peliose hepática. Em alternativa, a oxidação da azatioprina ou da 6-mercaptopurina pela xantina oxidase pode estar associada à geração de espécies reactivas de oxigénio, contribuindo assim para a lesão hepática.

3.6.9. Hepatotoxicidade do metotrexato

O metotrexato tem sido utilizado na prática clínica há mais de cinco décadas. Como DMARD, o metotrexato continua a ser um medicamento de primeira linha no tratamento da AR inicial e estabelecida; na APS, a sua utilização parece ter aumentado na última década e melhorou os resultados clínicos (Chandan *et al.*, 2008). Os mecanismos subjacentes à hepatotoxicidade do metotrexato não são claros, embora possam estar relacionados com a via celular do fármaco (Kremer, 2004). O metotrexato é um análogo do folato que entra na célula ligado ao transportador de folato 1 e é bombeado para fora pela família de transportadores ATP-binding cassette (ABC). O metotrexato é retido na célula como um poliglutamato que inibe a di-hidrofolato redutase, a timidilato sintase e a AICAR (ribonucleótido de 5-aminoimidazole-4-carboxamida) transformilase, o que leva a uma síntese de pirimidina e purina deficiente. Além disso, o metotrexato afecta indiretamente a MTHFR (metileno-tetrahidro folato redutase) e, consequentemente, a produção de metionina a partir da homocisteína. Foi demonstrado que a terapêutica com metotrexato em doentes com AR aumenta os níveis plasmáticos de homocisteína, embora este efeito varie consoante a administração concomitante de folato. O excesso de homocisteína pode gerar stress oxidativo ou sensibilizar a célula para os seus efeitos citotóxicos. Foi demonstrado que a homocisteína induz o stress do retículo endoplasmático (RE), que, quando não resolvido, leva à infiltração de gordura no fígado. A homocisteína, além disso, pode também ativar citocinas pró-inflamatórias. A combinação destes insultos pode contribuir para a ativação das células estreladas hepáticas, o que leva à fibrose hepática.

3.6.10. HNR (hiperplasia nodular regenerativa) associada à azatioprina

A HNR é uma doença rara caracterizada por nodularidade aparente causada pela variação do tamanho das placas das células hepáticas; algumas placas têm mais de uma célula de espessura, enquanto outras parecem mais finas e atróficas. A HNR é causada por alterações no fluxo sanguíneo associadas a alterações obliterativas nos radicais portais intra-hepáticos. As áreas atróficas representam ácinos com diminuição do fluxo sanguíneo e as áreas nodulares representam uma resposta hipertrófica. A tioguanina, um metabolito da azatioprina, tem sido implicada na lesão vascular associada à deposição de colagénio no espaço de Disse que se situa entre os hepatócitos e as células endoteliais sinusoidais. Uma investigação que envolveu 65 receptores de transplante hepático a receberem terapêutica com azatioprina revelou que dois doentes que sofreram NRH eram ambos heterozigóticos para a mutação TPMT*3A no gene que codifica a tiopurina metiltransferase, o que levantou a possibilidade de as variações no metabolismo da azatioprina poderem contribuir para o risco de desenvolvimento desta doença hepática induzida por fármacos.

3.6.11. Hepatotoxicidade induzida por inibidores do TNF

Após o tratamento com os três inibidores do TNF mais amplamente estudados - adalimumab, etanercept e infliximab. A frequência global destes acontecimentos depende do limiar utilizado para definir hepatotoxicidade. Numa análise que incluiu 6.861 doentes com AR ao longo de 14.000 doentes-ano, foram observados níveis enzimáticos elevados para mais do dobro do limite superior do normal em 0,6% dos doentes tratados com anti-TNF em geral; foram observadas elevações da ALT de três vezes o limite superior do normal em 39 ocasiões e em nove casos os níveis de ALT eram superiores a cinco vezes o limite superior do normal (Sokolove *et al.*, 2010). Os sinusóides hepáticos estão envolvidos na eliminação de complexos imunes através de interacções mediadas por receptores Fc que, por sua vez, podem ativar as células de Kupffer para libertar espécies reactivas de oxigénio ou levar a danos locais nos hepatócitos. A variabilidade na frequência notificada de hepatotoxicidade com agentes anti-TNF pode estar relacionada com o facto de os anticorpos monoclonais (como o infliximab e o adalimumab) formarem complexos imunes mais rapidamente do que os receptores solúveis (como o etanercept).

3.7. Medicamentos anti-epilépticos (AED)

A lesão hepática associada aos fármacos antiepilépticos (AED) é bem conhecida. A frequência das DAE mais comuns é rara, mas as consequências podem ser muito graves, levando à morte ou ao transplante hepático devido à insuficiência hepática aguda induzida por estes fármacos. Os mecanismos subjacentes à hepatotoxicidade induzida pelas DAE não são claros. Os metabolitos reactivos das DAE podem, em alguns casos, conduzir a citotoxicidade direta e a necrose das células hepáticas, enquanto noutros casos podem levar à formação de neoantigénios que induzem mecanismos imunoalérgicos.

3.7.1. Carbamazepina (CBZ)

A carbamazepina é um fármaco antiepilético amplamente utilizado e considerado como o fármaco de eleição para as epilepsias avós. Devido às suas propriedades de indução enzimática, provoca um aumento da gama glutamil transferase e, em menor grau, da fosfatase alcalina (ALP). A CBZ pode provocar lesões colestáticas e hepatocelulares, até mesmo a formação de granulomas no fígado. Pensa-se que o metabolismo da carbamazepina desempenha um papel importante na patogénese da hipersensibilidade e da hepatotoxicidade da CBZ, tendo sido postulado que os metabolitos são os agentes causadores. Estudos de metabolismo *in vitro* utilizando inibidores enzimáticos e enzimas purificadas indicaram que tanto a formação de epóxido estável como a formação de metabolitos reactivos dependem, pelo menos em parte, do CYP 3A4. *In vivo,* a CBZ auto-induz o seu próprio metabolismo pelo CYP 3A4, incluindo a formação de metabolitos de hidroxilo em anel 2 e 3 hidroxilo CBZ, que podem ser gerados a partir de um intermediário instável de óxido de areno. O metabolito de óxido de areno pode levar à formação de haptenos. O envolvimento subsequente do sistema imunitário resulta na lesão dos tecidos nos locais de formação do hapteno, incluindo o fígado.

3.7.2. Ácido valpróico (VPA)

O ácido valpróico é um potente fármaco antiepilético e é amplamente utilizado. Normalmente é bem tolerado, mas a elevação inicial de qualquer enzima hepática pode ocorrer em até 20% dos pacientes. Existe um mecanismo hipotético de toxicidade do VPA. Esta hipótese centra-se na interferência do VPA na β-oxidação dos lípidos endógenos. O VPA forma um conjugado éster com a carnitina que pode levar a uma deficiência secundária de carnitina. Várias linhas de evidência indireta e estudos in vitro indicam que o derivado tioéster do VPA e da coenzima A pode existir como intermediário metabólico no tecido hepático. A depleção da coenzima A ou do próprio éster de VPA CoA pode ser responsável pela inibição do metabolismo mitocondrial, pela perda de ATP e conduzir à morte celular.

3.7.3. Falbamato

O felbamato (FBM) é um medicamento antiepilético de   largo espetro, aprovado para comercialização nos EUA em 1993, que se revelou eficaz contra convulsões parciais e generalizadas. O felbamato (dicarbamato de 2-fenil-1,3-propanodiol, FBM) pode causar anemia aplástica e hepatotoxicidade. O mecanismo das toxicidades induzidas pelo FBM é desconhecido; contudo, foi proposto que o responsável é o 2-fenilpropenal, um metabolito reativo do FBM. A via que conduz a este metabolito envolve a hidrólise do FBM em monocarbamato de 2-fenil-1, 3-propandiol (MCF), a oxidação em 3-carbamoil-2-fenilpropionaldeído (CBMA) e a perda espontânea de dióxido de carbono e amoníaco.

3.7.4. Fenitoína

A hepatotoxicidade da fenitoína é uma reação idiossincrática grave que ocorre em menos de um por cento dos doentes. A hepatotoxicidade da fenitoína pode elevar o nível de amino transferases, desidrogenase láctica, fosfatase alcalina, bilirrubina e tempo de protrombina no soro. Embora o mecanismo exato da hepatotoxicidade da fenitoína seja desconhecido, a maior parte da literatura apoia um mecanismo de hipersensibilidade.

3.8. Medicamentos neurolépticos ou anti-psicóticos

A hepatotoxicidade dos medicamentos psicotrópicos ocorre numa proporção variável, mas pequena, de utilizadores, pelo que pode ser considerada imprevisível ou idiossincrática. As elevações assintomáticas ligeiras, transitórias e reversíveis das enzimas hepáticas ocorrem raramente com os antipsicóticos de primeira e segunda geração. Estas anomalias ocorrem durante os primeiros três meses de tratamento.

3.8.1. Clorpromazina (CPZ)

A clorpromazina foi a mais extensivamente estudada. As características clínicas parecem ser explicadas por uma mistura de reação de hipersensibilidade e toxicidade do metabolito. Reconheceu-se que a clorpromazina produz iterícia. A clorpromazina é o neuroléptico mais extensamente estudado e o tipo de lesão hepática que a CPZ produz é o protótipo da colestase hepatocelular. O mecanismo da doença colestática induzida por fenotiazinas permanece incerto.

3.8.2. Haloperidol

O haloperidol, embora estruturalmente semelhante às fenotiazinas, é uma causa muito rara de doença hepática evidente. As características assemelham-se à lesão colestática induzida por fenotiazinas. A clorpromazina e o haloperidol têm uma cadeia lateral idêntica de ácido heptanóico e, raramente, têm sido associados a esteatose microvesicular, sendo a cadeia lateral metabolizada por boxidação, o que leva à inibição da β-oxidação dos ácidos gordos de cadeia média e curta. Assim, ambos os fármacos são convertidos pelo P450 em metabolitos reactivos que podem induzir uma reação de hipersensibilidade em indivíduos geneticamente susceptíveis.

3.8.3. Risperidona e quetiapina

A risperidona e a quetiapina são dois dos agentes antipsicóticos atípicos mais utilizados. A colestase induzida por fármacos é o bloqueio do fluxo de bílis do fígado causado por um fármaco. Isto pode ocorrer porque o agente bloqueia seletivamente a absorção de componentes da bílis, interfere com as excreções caniculares da bílis ou destrói componentes necessários para o fluxo da bílis. Muitas vezes, os níveis de ALT e AST estão normais ou apenas ligeiramente elevados na lesão colestática.

3.8.4. Olanzapina

Existem relatos de anomalias transitórias da bioquímica hepática associadas à olanzapina, mas o mecanismo subjacente a esta complicação não é conhecido. Foi relatado um caso de um jovem que desenvolveu uma anomalia transitória grave da bioquímica hepática com hepatoesplenomegalia e iterícia colestática, após ter recebido olanzapina.

3.8.5. Clozapina

A clozapina é um neuroléptico atípico; ocorreu um aumento da alanina transaminase (ALT), que foi ligeiro e transitório, em 37% dos receptores. O possível mecanismo de hepatotoxicidade ainda não é claro.

3.9. Anti-depressivos

A maioria dos antidepressivos tricíclicos é potencialmente hepatotóxica. Embora os outros tricíclicos (incluindo a amitriptilina, a desipramina e a doxepina) raramente causem doença hepática, a reatividade cruzada notificada deve excluir a sua utilização quando se suspeita de sensibilidade a um deles.

3.9.1. Amineptina

A doença hepática induzida pela amineptina é principalmente colestática, embora possa ser observada necrose moderada. O composto tem uma cadeia lateral de ácido heptanóico. A cadeia lateral é metabolizada por β-oxidação, levando à inibição da b-oxidação de ácidos gordos de cadeia média e curta. Assim, ambos os medicamentos são convertidos pelo P450 em metabolitos reactivos que podem induzir uma reação de hipersensibilidade em indivíduos geneticamente susceptíveis.

3.9.2. Imipramina

A imipramina pode induzir uma iterícia colestática que geralmente não é progressiva.

3.9.3. Inibidores da MAO

Os inibidores da MAO, que derivam da hidrazina, são todos potenciais hepatotoxinas. As hidrazinas podem ser metabolizadas pelo P450 em intermediários tóxicos. O seu metabolismo e mecanismo assemelham-se ao da isoniazida, também uma hidrazina. Continua a estar disponível um inibidor da MAO substituído por hidrazina, a fenelzina; foram registados casos de hepatite.

3.10. Inibidores da acetilcolinesterase

A tacrina é um inibidor reversível da colinesterase utilizado no tratamento da doença de Alzheimer. Notavelmente, em cerca de 50% dos receptores, a ALT excede o limite superior do normal; em 25%, o valor é mais de três vezes o limite superior, e em 2%, está 20 vezes aumentada.

O mecanismo de toxicidade baseia-se na inibição da acetilcolinesterase pela tacrina, levando a uma estimulação colinérgica induzida pelo gânglio celíaco de uma via simpática aferente, resultando em vasoconstrição, levando a uma perfusão prejudicada dos sinusóides e lesão de reperfusão mediada por metabolitos reactivos de oxigénio. Estas hipóteses não são mutuamente exclusivas, uma vez que o primeiro mecanismo pode sensibilizar o segundo. Assim, a tacrina sofre uma extração elevada, o que sugere que os hepatócitos periportais podem absorver uma grande proporção do fármaco; o efeito de desacoplamento aumentaria a respiração e o consumo de O2 nos hepatócitos periportais, limitando assim a disponibilidade de O_2 nas células perivenulares perfundidas mais distalmente; a sobreposição de uma diminuição da entrega de O_2 em resultado do efeito na microcirculação limitaria ainda mais o O2 na zona perivenular.

3.11. Drogas de abuso

A hepatotoxicidade da cocaína foi estudada experimentalmente de forma bastante pormenorizada. A toxicidade está relacionada com a dose.

A toxicidade parece depender da Ndemetilação catalisada pelo P450 em norcocaína, que depois é convertida em N-hidroxinorcocaína pela flavina mono-oxigenase. Esta última redoxifica-se em nitróxido de norcocaína ao receber um eletrão do NADPH, e este transfere electrões para O_2 , gerando stress oxidativo.

3.12. Medicamentos anti-hipertensores

A metil dopa é utilizada no tratamento da hipertensão. Foram notificadas formas ligeiras e graves de lesões hepáticas em doentes que receberam metil dopa. A primeira consiste em aumentos assintomáticos e frequentemente transitórios das transaminases séricas e, de acordo com vários relatórios, ocorre em 2 a 10 % dos doentes que recebem o medicamento. A lesão hepática, que pode assumir a forma de hepatite aguda, hepatite crónica ativa ou colestase, ocorre mais frequentemente nas mulheres e não existe a mesma relação temporal estreita entre o momento de início da lesão hepática clínica evidente, que em 50% dos casos ocorre após quatro semanas. Estudos *in vitro demonstraram* que o fármaco é metabolizado pelos microssomas do fígado humano e de rato, pelo sistema do citocromo P450, com consequente ligação covalente a macromoléculas celulares. Esta ligação covalente é inibida por uma variedade de agentes, incluindo glutatião, ácido ascórbico e superóxido dismutase, o que é consistente com a oxidação da metil dopa por aniões superóxido gerados pelo citocromo P450 a uma quinona ou semi-quinona reactiva.

3.13. Outras drogas

Outros medicamentos que também podem causar hepatotoxicidade são os glucocorticóides, os antibióticos (amoxicilina, ciprofloxacina, eritromicina), os contraceptivos orais e os antifúngicos (fluconazol, itraconazol).

4. Medicamentos para doenças do fígado

4.1. Introdução

O número de medicamentos associados a reacções adversas que envolvem o fígado é extenso, mas na prática clínica é dominado pelo álcool, antibióticos e acetaminofeno. A doença hepática induzida por medicamentos é uma consequência rara, mas potencialmente fatal, frequentemente debilitante e em grande parte imprevisível do tratamento medicamentoso. A sua incidência exacta é difícil de documentar, mas cerca de 40.000 a 45.000 pessoas podem sofrer uma lesão hepática induzida por medicamentos todos os anos. A doença hepática induzida por medicamentos é responsável por cerca de 20% da insuficiência hepática aguda em populações pediátricas e por uma percentagem semelhante de adultos com insuficiência hepática aguda. Em cerca de 75% destes casos, o transplante hepático acaba por ser necessário para a sobrevivência do doente. De acordo com a United Network for Organ Sharing, o acetaminofeno, a isoniazida, os antiepilépticos e os antibióticos são responsáveis, em conjunto, por pouco mais de 60% dos casos de transplante hepático. Numa análise prospetiva de 1200 doentes internados num hospital da Carolina do Sul devido a disfunção hepática, a isoniazida foi responsável por 21 dos 132 casos, tendo vários antibióticos e medicamentos à base de sulfa sido responsáveis por outros 30 casos. Globalmente, a incidência notificada de doença hepática induzida por medicamentos é de cerca de 1 em 10 000 a 1 em 100 000 doentes.

A função do fígado afecta quase todos os outros sistemas orgânicos do corpo, mas não existem testes de diagnóstico específicos para a doença hepática induzida por medicamentos. Por conseguinte, é importante conhecer os padrões da patologia relacionada com os medicamentos, a fim de avaliar as reacções adversas quando estas ocorrem. O resultado metabólico normal do fígado consiste em diminuir a reatividade de um fármaco ou toxina, desactivando-o. Em muitos dos padrões de lesão que este capítulo irá analisar, o primeiro passo é um aumento líquido da reatividade que resulta dos processos normais de metabolismo no fígado. Este composto agora bioactivado, se não for conjugado ou não estiver ligado de outra forma, fica livre para reagir de forma descontrolada no interior da célula. O fígado é, quantitativamente, o local mais importante do metabolismo dos fármacos. No entanto, sabe-se que muitos medicamentos causam lesões hepáticas. Os medicamentos convencionais e sintéticos utilizados no tratamento de doenças hepáticas são por vezes inadequados e podem ter efeitos adversos graves. Os esteróides, as vacinas e os medicamentos antivirais, que têm sido utilizados como terapêutica para as patologias hepáticas, têm potenciais efeitos secundários adversos, especialmente se forem administrados de forma crónica ou subcrónica. Os tratamentos médicos actuais para estas doenças hepáticas são frequentemente ineficazes, pelo que estão a ser feitos esforços para procurar novos medicamentos eficazes (Seeff et al., 2001). O desenvolvimento de agentes farmacologicamente eficazes a partir de produtos naturais tornou-se uma nova tendência em virtude da sua reduzida toxicidade ou dos seus poucos efeitos secundários. Existem poucos medicamentos derivados de plantas no mercado que são utilizados para as doenças hepáticas.

4.2. Padrões de doença hepática induzida por medicamentos

4.2.1. Lesão hepatocelular

A lesão hepatocelular é caracterizada por elevações significativas das aminotransferases séricas, que geralmente precedem as elevações dos níveis de bilirrubina total e dos níveis de fosfatase alcalina. A maioria das lesões ocorre no prazo de 1 ano após o início da utilização do agente agressor. A lesão hepatocelular pode levar a hepatite fulminante com uma taxa de sobrevivência correspondente de 20% com cuidados de suporte. Para os doentes que apresentam a combinação de lesão hepatocelular e iterícia, existe uma taxa de mortalidade de 10%.A acarbose, o alopurinol, a fluoxetina e o losartan são capazes de causar lesão hepatocelular.

As lesões hepatocelulares podem ainda ser subdivididas por padrões histológicos e apresentações clínicas específicas. A necrose centrolobular, a esteato-hepatite (esteatonecrose), a fosfolipidose e a necrose hepatocelular generalizada são identificáveis por resultados de biopsia específicos e diferenças subtis na apresentação clínica.

4.2.2. Necrose centrolobular

A necrose centrolobular é frequentemente uma reação previsível relacionada com a dose; no entanto, também pode estar associada a reacções idiossincráticas. Também designada por hepatotoxicidade direta ou relacionada com o metabolito, a necrose centrolobular resulta normalmente da produção de um metabolito tóxico (**Figura 4.1**). A lesão estende-se para fora a partir do meio de um lóbulo do fígado.

Os doentes que sofrem de necrose centrolobular tendem a apresentar uma de duas formas, dependendo da extensão da necrose. As reacções medicamentosas ligeiras, que envolvem apenas pequenas quantidades de tecido parenquimatoso do fígado, podem ser detectadas como elevações assintomáticas das aminotransferases séricas. Se a reação for diagnosticada nesta fase, a maioria destes doentes recuperará com uma cirrose mínima e, consequentemente, com uma insuficiência hepática crónica mínima. As formas mais graves de necrose centrolobular são acompanhadas de náuseas, vómitos, dor abdominal superior e iterícia. Estas reacções são previsíveis e frequentemente efeitos no fígado relacionados com a dose, causados por agentes específicos. Quando tomado em sobredosagem, o acetaminofeno é bioactivado num intermediário tóxico conhecido como *N-acetil-p-benzoquinona* imina (NAPQI). A NAPQI é muito reactiva, com uma elevada afinidade pelos grupos sulfidrilo. A proteína glutatião fornece uma fonte pronta de grupos sulfidrilo disponíveis no hepatócito. Quando as reservas de glutatião do fígado estão esgotadas e já não existem grupos sulfidrilo disponíveis para desintoxicar este metabolito, este começa a reagir diretamente com o hepatócito (**Figura 4.1**). Além disso, a depleção de glutatião altera o rácio glutatião oxidado/reduzido mitocondrial, resultando em alterações catastróficas da função mitocondrial, acelerando a necrocitólise celular. Os danos mitocondriais contínuos que levam à fragmentação do ADN mitocondrial conduzem diretamente à necrose. A reposição da capacidade sulfidrila do fígado através da administração de *N-acetilcisteína* logo após a ingestão da sobredosagem interrompe este processo. Durante as primeiras horas após a ingestão, alguns doentes referem sintomas ligeiros de náuseas e vómitos, mas não são observadas elevações das enzimas hepáticas normalmente medidas. As elevações séricas das enzimas hepáticas começam 40 a 50 horas após a ingestão. O microRNA circulante livre de células (miR-122 específico do fígado) começa a aumentar após apenas 1 hora em modelos de ratos com overdose de acetaminofeno. Isto pode abrir caminho para a deteção precoce de muitas doenças hepáticas induzidas por medicamentos no futuro.

4.2.3. Esteato-hepatite não alcoólica

A esteato-hepatite não alcoólica (NASH), também conhecida como esteato-hepatite e esteatonecrose, resulta da acumulação de ácidos gordos no hepatócito. Nas fases pré-agudas, esta situação é conhecida como doença hepática gorda não alcoólica (NAFLD). Os fármacos ou os seus metabolitos que causam a NAFLD fazem-no ao afetar as taxas de esterificação e oxidação dos ácidos gordos nas mitocôndrias do hepatócito (**Figura 4.1**). As vesículas hepáticas ficam repletas de ácidos gordos, acabando por perturbar a homeostasia dos hepatócitos. Em doentes com diabetes, várias dislipidemias e mesmo hipertensão, a produção de novo de ácidos gordos livres a partir de hidratos de carbono em excesso na circulação acelera este processo de acumulação. A biopsia hepática é marcada por uma infiltração maciça de leucócitos polimorfonucleares, pela degeneração dos hepatócitos e pela presença de corpos de Mallory.

O álcool é a droga que mais frequentemente produz alterações esteatonecróticas no fígado. Quando o álcool é convertido em acetaldeído, a síntese de ácidos gordos aumenta. O hepatócito pode ficar completamente ingurgitado com gordura microvesicular, resultando num fígado gordo alcoólico. Metabolicamente, este tipo de síntese de novo de ácidos gordos livres esgota o NADPH a favor do $NADP^+$ e reduz a capacidade de resposta dos hepatócitos ao stress, contornando a apoptose normal e o recetor de xenobióticos do ADN.

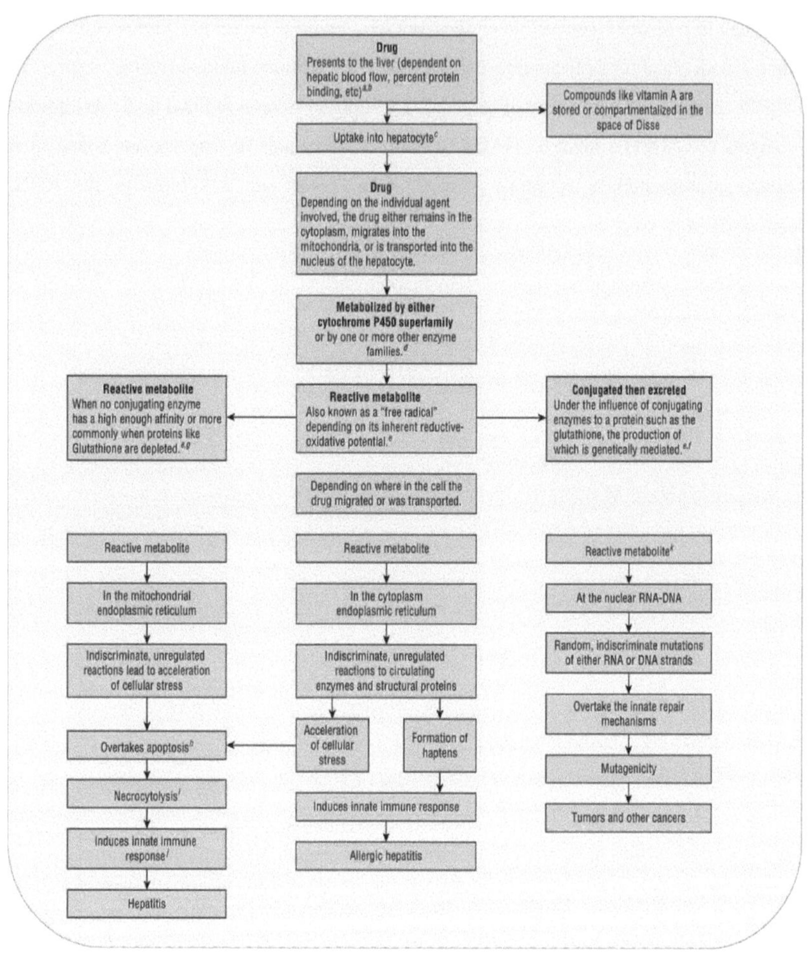

Figura 4.1: Um diagrama geral da biotransformação. [a]O fluxo sanguíneo hepático, que se altera proporcionalmente às alterações do débito cardíaco, fornece o fármaco ao fígado. [b]A ligação às proteínas é mais afetada pelo estado nutricional e pelos medicamentos concorrentes. [c]O fármaco é transportado ativamente para o hepatócito pela bomba de transporte de aniões orgânicos, uma proteína transmembranar. [d]O metabolito (fármaco) interage com uma de várias enzimas, sendo as mais comuns as CYP2C9, 2C19, 2D6 e 3A4. Esta família de enzimas é regulada pelo recetor xenobiótico complementar que, por sua vez, é regulado por outros fármacos, alterações no catabolismo do colesterol e ácidos biliares. O

resultado imediato da ação destas enzimas de fase I é a produção de um metabolito reativo. [e]O metabolito instável reage então com a glucuronidase, várias transferases ou hidroxilases para formar um metabolito conjugado. A eficácia destas enzimas é afetada pelo estado nutricional do doente e pelo polimorfismo genético, o que leva a variações no risco individual de toxicidade. [f]O metabolito conjugado é removido do hepatócito pela bomba de exportação da membrana canalicular, uma de uma grande família de proteínas de membrana (outros membros desta família bombeiam os metabolitos conjugados de volta para o sangue para serem excretados pelo rim). Estas proteínas também estão sujeitas a polimorfismo genético, o que, mais uma vez, leva a que alguns doentes tenham um risco acrescido de toxicidade. [g]Se não for capaz de formar um conjugado, o metabolito instável pode participar em reacções oxidativas que danificam os lípidos, as proteínas ou mesmo o ADN. [h]O processo normal de envelhecimento celular, morte e reabsorção pelas células circundantes. [i]Morte celular rápida e generalizada com a criação de múltiplos antigénios. [j]Ativação de células de Kupffer, células assassinas, células B e outras células T com a produção associada de citocinas inflamatórias, cujo número relativo e a atividade inata de cada uma são mediados pelo polimorfismo genético. [k]Os fármacos ou metabolitos activos que são transportados ou difundidos para a mitocôndria ou para o núcleo podem danificar o ADN, conduzindo a mutagenicidade e, em última análise, a cancros hepáticos. aumentando a taxa de necrocitólise. Na NAFLD, o mesmo ponto final é frequentemente atingido através da oxidação das peroxidases lipídicas. Se o agente agressor for retirado antes de um número significativo de hepatócitos se tornarem necróticos, o processo é completamente reversível sem sequelas a longo prazo. Caso contrário, taxas cada vez maiores de necrocitólise induzirão uma resposta imunitária inata e resultarão em hepatite.

A tetraciclina produz NAFLD e NASH. As lesões são caracterizadas por grandes vesículas de gordura que se encontram difusas por todo o fígado. O desenvolvimento desta reação está relacionado com as elevadas concentrações atingidas quando a tetraciclina é administrada por via intravenosa e em doses superiores a 1,5 g/dia. A mortalidade da esteato-hepatite por tetraciclina é alta (70% a 80%), e aqueles que sobrevivem frequentemente desenvolvem cirrose. O valproato de sódio também pode produzir esteatonecrose através do processo de bioactivação. O citocromo P450 (CYP450) converte o valproato em ácido delta-4-valproico, um potente indutor da acumulação de gordura microvesicular.

Os doentes com esteato-hepatite podem apresentar como única queixa uma sensação de plenitude ou dor abdominal. Os doentes com esteatonecrose mais grave apresentam todos os sintomas característicos da hepatite alcoólica, tais como náuseas, vómitos, esteatorreia, dor abdominal, prurido e fadiga.

4.2.4. Fosfolipidose

A fosfolipidose é a acumulação de fosfolípidos em vez de ácidos gordos. Os fosfolípidos geralmente englobam os corpos lisossómicos do hepatócito.A amiodarona está associada a esta reação. Os doentes tratados com amiodarona que desenvolvem doença hepática manifesta tendem a ter recebido doses mais elevadas do medicamento. Estes doentes também apresentam rácios mais elevados entre a amiodarona e a N-desmetil-amiodarona, o que indica uma maior acumulação do composto parental. A amiodarona e o seu principal metabolito, a N-desmetil-amiodarona, permanecem no fígado de todos os doentes durante vários meses após a interrupção da terapêutica. Normalmente, a fosfolipidose desenvolve-se em doentes tratados durante mais de um ano. O doente pode apresentar quer aminotransferases elevadas quer hepatomegalia; a iterícia é rara.

4.2.5. Necrose hepatocelular generalizada

A necrose hepatocelular generalizada imita as alterações associadas à hepatite viral mais comum. O início dos sintomas é normalmente retardado até uma semana ou mais após a exposição à toxina. A bioactivação é frequentemente importante para o desenvolvimento da hepatite tóxica. Muitos medicamentos que estão associados à hepatite tóxica produzem metabolitos que não são inerentemente tóxicos para o fígado. Em vez disso, ligam-se a proteínas para criar haptenos, que servem como neoantigénios e induzem a resposta imunitária inata (**Figura 4.1**).

A taxa de bioactivação pode variar entre homens e mulheres e entre indivíduos do mesmo sexo. A superfamília de enzimas CYP450 metaboliza substratos lipofílicos que são ativamente bombeados para o hepatócito por uma proteína transportadora de aniões (ou catiões) orgânicos. As subespécies 2C, 2D, 3A e 4A do CYP450 são reguladas pelo recetor de xenobióticos altamente induzível no ADN complementar. O recetor encontra-se no fígado e, em menor grau, nas células que revestem o trato intestinal, sendo responsável pelo catabolismo do colesterol e pela homeostase dos ácidos biliares. A atividade deste recetor está sujeita a um polimorfismo genético. Este facto resulta numa grande variação da sensibilidade da população às lesões hepáticas.

A administração prolongada de isoniazida pode levar a disfunção hepática em 10% a 20% das pessoas que recebem o medicamento. No entanto, a hepatite tóxica grave desenvolve-se em apenas 1% ou menos desta população.O genótipo da *N-acetiltransferase2* (NAT2) parece desempenhar um papel na determinação do risco relativo de um doente. Um estudo de doentes que desenvolveram enzimas hepáticas elevadas (definidas como pelo menos 2,5 vezes superiores ao normal) ou iterícia revelou que 29 em 41 (70%) destes doentes eram acetiladores lentos. A isoniazida é metabolizada por várias vias, sendo a acetilação a via principal. É acetilada em acetilisoniazida, que, por sua vez, é hidrolisada em acetil-hidrazina. A acetil-hidrazina e, em menor grau, a acetil-isoniazida, são diretamente tóxicas para as proteínas celulares do hepatócito, mas os acetiladores rápidos desintoxicam a acetil-hidrazina muito rapidamente, convertendo-a em diacetil-hidrazina (um metabolito não tóxico). Por conseguinte, é a taxa e a eficiência desta sequência de reacções que, em última análise, determina se ocorrerão danos hepatocelulares.

A isoniazida constitui simultaneamente um exemplo da potencial previsibilidade da doença hepática induzida por medicamentos com base no polimorfismo de nucleótido único e uma lição sobre as limitações do nosso conhecimento atual. Existem ligações claras entre o genótipo NAT2 e a toxicidade. O risco desta reação é também fortemente influenciado pela idade do doente, tendo os doentes mais velhos um risco muito mais elevado do que os mais jovens. De facto, a idade pode ser mais importante do que o genótipo. Numa série prospetiva centrada na doença hepática induzida por fármacos, os casos que envolviam a isoniazida tinham um início mediano aos 6 meses de terapia, com cerca de 30% da doença hepática induzida pela isoniazida agrupada entre os 6 e os 8 meses.

O cetoconazol produz necrose hepatocelular generalizada ou formas mais ligeiras de disfunção hepática em 1% a 2% dos doentes tratados para infecções fúngicas. O início é geralmente precoce na terapia. Nos doentes imunocomprometidos em que o cetoconazol é utilizado, deve ter-se especial cuidado com as alterações da função hepática.

4.2.6. Cirrose tóxica

O efeito cicatrizante da hepatite no fígado leva ao desenvolvimento de cirrose. Alguns medicamentos tendem a causar um caso tão ligeiro de hepatite que esta pode não ser detectada. A hepatite ligeira pode ser facilmente confundida com uma infeção viral generalizada mais rotineira. Se o fármaco ou agente agressor não for descontinuado, esta lesão continuará a progredir. O doente acaba por apresentar não uma hepatite, mas sim uma cirrose.

O metotrexato provoca fibrose periportal na maioria dos doentes que sofrem de hepatotoxicidade. A lesão resulta da ação de um metabolito bioactivado produzido pelo

CYP450. Este processo ocorre mais frequentemente em doentes tratados para psoríase e artrite. As biópsias hepáticas periódicas têm um baixo rendimento em doentes sem outros factores de risco de doença hepática e devem ser reservadas a doentes seleccionados de alto risco.A vitamina A é normalmente armazenada nas células hepáticas e causa hipertrofia e fibrose significativas quando tomada por longos períodos em doses elevadas. A hepatomegalia é um achado comum, juntamente com ascite e hipertensão portal. Em doentes com toxicidade da vitamina A, a gengivite e a pele seca são também muito comuns. Esta situação é acelerada pelo etanol, que compete com o retinol pela aldeído desidrogenase.

4.2.7. Lesão colestática

Um segundo padrão de lesão hepática é uma lesão que envolve principalmente o sistema canalicular da bílis e é conhecida como lesão colestática. A doença colestática é mais frequentemente observada em doentes com mais de 60 anos (em comparação com menos de 60 anos) e é ligeiramente mais comum no sexo masculino. Na doença colestática, a perturbação dos filamentos de actina subcelulares à volta dos canalículos impede o movimento da bílis através do sistema canalicular. Para além disso, as mutações nos genes dos transportadores hepáticos podem resultar numa função mais lenta antes da exposição a toxinas. A incapacidade do fígado para remover a bílis provoca a acumulação intra-hepática de ácidos biliares tóxicos e de produtos de excreção.

A colestase induzida por fármacos pode ocorrer como uma doença aguda (por exemplo, colestase com ou sem hepatite e colestase com lesão das vias biliares) ou como uma doença crónica (por exemplo, síndrome do desaparecimento das vias biliares, colangite esclerosante e colelitíase). No entanto, a forma mais comum de colestase induzida por fármacos é a colestase com hepatite. A maioria dos doentes com esta doença aguda apresenta náuseas, mal-estar, iterícia e prurido.[7] As elevações dos níveis séricos de fosfatase alcalina são mais proeminentes e geralmente precedem as elevações de outras enzimas hepáticas no soro. Normalmente não é necessária uma biópsia hepática, mas por vezes é efectuada quando se suspeita de outras causas de doença colestática. Embora o fármaco antipsicótico clorpromazina pareça ser o protótipo deste distúrbio, outros medicamentos estão associados a outras formas de lesão colestática, como o estolato de eritromicina, o ácido amoxicilina-clavulânico e a carbamazepina.

A lesão colestática, também conhecida como iterícia colestática ou colestase, pode ser classificada de acordo com a área do sistema canalicular ou ductal da bílis que está comprometida. A colestase canalicular está frequentemente associada à terapêutica prolongada com doses elevadas de estrogénios. Estes doentes são frequentemente assintomáticos e apresentam elevações ligeiras a moderadas da bilirrubina sérica. Uma forma IV de vitamina E, o acetato de *α-tocoferol*, causa iterícia colestática, envolvendo principalmente o ducto canalicular em bebés prematuros. A incidência desta reação nos que receberam esta formulação foi elevada (>10%) e a mortalidade ainda maior (>50%). A administração de nutrição parentérica total por períodos superiores a 1 semana induz alterações colestáticas e elevações enzimáticas inespecíficas em alguns doentes. Os doentes com baixas concentrações de albumina sérica podem estar em maior risco do que os doentes com concentrações normais de albumina sérica. Esta reação ocorre raramente com dicloxacilina, sulfonamidas, sulfonilureias, estolato e etilsuccinato de eritromicina, captopril, lisinopril e outras fenotiazinas.

4.2.8. Lesão hepatocelular e colestática mista

O último padrão de lesão hepática é uma combinação dos dois padrões anteriores. Esta apresentação pode ser o resultado de três processos diferentes. Em alguns doentes, uma lesão pode começar como hepatocelular (ou colestática) e simplesmente espalhar-se tão rapidamente que, na altura em que o doente se apresenta para diagnóstico e tratamento, todas as áreas do fígado estão afectadas. Noutros doentes, o mecanismo de lesão subjacente é tal que as células são lesadas independentemente da sua localização anatómica ou do seu papel metabólico primário.

4.2.9. Doenças vasculares hepáticas

As lesões focais nas vénulas hepáticas, sinusóides e veias porta ocorrem com vários fármacos. Os fármacos mais frequentemente associados são os agentes citotóxicos utilizados no tratamento do cancro, os alcalóides pirrolizidínicos e as hormonas sexuais. Segue-se frequentemente uma necrose centralizada que pode resultar em cirrose. A azatioprina e os chás de ervas que contêm confrei (uma fonte de alcalóides pirrolizidínicos) estão associados ao desenvolvimento de doença veno-oclusiva. A incidência exacta é rara e pode estar relacionada com a dose. A hepatite por peliose é um tipo raro de lesão vascular hepática que pode ser vista tanto como uma doença aguda como crónica. O fígado desenvolve grandes lacunas (espaço ou cavidade) cheias de sangue dentro do parênquima. A rutura das lacunas pode levar a uma hemorragia peritoneal grave. A hepatite por peliose está associada à exposição do fígado a androgénios, estrogénios, tamoxifeno, azatioprina e danazol. Os androgénios com uma alquilação de metilo na posição de 17 carbonos da estrutura da testosterona são os agentes mais frequentemente relatados como causadores de hepatite peliótica, geralmente após pelo menos 6 meses de terapêutica.

4.3. Mecanismos da doença hepática induzida por medicamentos

As lesões auto-imunes envolvem citotoxicidade mediada por anticorpos ou toxicidade celular direta. Este tipo de lesão ocorre quando os aductos enzimático-fármaco migram para a superfície celular e formam neoantigénios. O fígado alberga todas as células que constituem o sistema de resposta imunitária inata do organismo, bem como as células de Kupffer, que são um tipo de macrófagos. Estas células aguardam em antecipação à volta dos hepatócitos, no espaço de Disse e noutros locais, à espera que os antigénios (ou neoantigénios) se apresentem. Os neoantigénios servem de alvo para o ataque citolítico das células T assassinas, entre outros. O halotano, o sulfametoxazol, a carbamazepina e a nevirapina estão associados a lesões auto-imunes. A estimulação da autoimunidade está frequentemente associada a apresentações fulminantes.

O dantroleno, a isoniazida, a fenitoína, a nitrofurantoína e a trazodona estão associados a um tipo de doença autoimune do fígado denominada *hepatite ativa crónica*. Os doentes passam por períodos de hepatite sintomática seguidos de períodos de convalescença, que se repetem meses mais tarde. Trata-se de uma doença progressiva com uma elevada taxa de mortalidade e é mais frequente no sexo feminino do que no masculino. Na maioria dos doentes aparecem anticorpos antinucleares. A identificação exacta de um agente causador é por vezes difícil, uma vez que o diagnóstico requer episódios múltiplos que ocorrem muito tempo após a exposição ao medicamento agressor.

4.3.1. Reacções idiossincráticas

A hepatotoxicidade idiossincrática relacionada com medicamentos é rara e ocorre geralmente numa pequena proporção de indivíduos. Estas reacções adversas são frequentemente classificadas em reacções alérgicas e não alérgicas. As reacções alérgicas são caracterizadas por febre, erupção cutânea e eosinofilia. Estão geralmente relacionadas com a dose e têm um período de latência curto (<1 mês). Após a reexposição ao agente agressor, o paciente experimentará uma rápida recorrência da hepatotoxicidade. Estudos demonstram que a minociclina, a nitrofurantoína e a fenitoína podem causar reacções alérgicas.

Ao contrário das reacções alérgicas, as reacções idiossincráticas não alérgicas são desprovidas de características de hipersensibilidade e têm normalmente um longo período de latência (vários meses). Estes doentes apresentam frequentemente testes de função hepática normais durante 6 meses ou mais e, de repente, desenvolvem hepatotoxicidade. Dependendo do medicamento, o incidente pode ser independente da dose ou relacionado com a dose. A amiodarona, a isoniazida e o cetoconazol estão associados a hepatotoxicidade não alérgica relacionada com medicamentos.

4.3.2. Perturbação da homeostase do cálcio e lesão da membrana celular

Os danos induzidos por medicamentos nas proteínas celulares envolvidas na homeostase do cálcio podem levar a um influxo de cálcio intracelular que provoca um declínio nos níveis de trifosfato de adenosina e uma perturbação da montagem da fibrila de actina. O impacto resultante na célula é a rutura da membrana celular, a rutura e a lise celular.A lovastatina, a venlafaxina e a faloidina, que é o componente ativo dos cogumelos, prejudicam a homeostase do cálcio.

4.3.3. Ativação metabólica das enzimas do citocromo P450

A maioria das lesões hepatocelulares envolve a produção de metabolitos reactivos de alta energia pelo sistema CYP450. Estes metabolitos reactivos são capazes de formar ligações covalentes com proteínas celulares (enzimas) e ácidos nucleicos que conduzem à formação de adutos. Em caso de toxicidade aguda, o aduto enzima-fármaco pode causar lesões celulares ou lise celular. Os adutos que se formam com o ADN podem ter consequências a longo prazo, como a neoplasia. O acetaminofeno, a furosemida e o diclofenac são exemplos deste mecanismo de lesão hepática. As diferenças genéticas individuais podem desempenhar um papel na importância deste processo. Os doentes com um polimorfismo de nucleótido único (SNP) que codifica variantes de reação lenta do CYP450 reagirão de forma diferente dos doentes com um SNP que codifica variantes de reação muito rápida.

4.3.4. Estimulação da apoptose

A apoptose representa um padrão distinto de lise celular que se caracteriza pelo encolhimento da célula e pela fragmentação da cromatina nuclear. As vias apoptóticas são desencadeadas por interacções entre ligandos de morte (fator de necrose tumoral e ligando Fas) e receptores de morte (recetor 1 do fator de necrose tumoral e Fas). Estas interacções activam as caspases, que clivam as proteínas celulares e acabam por conduzir à morte celular.

4.3.5. Lesão mitocondrial

Os fármacos que prejudicam a função da estrutura mitocondrial ou a síntese de ADN podem perturbar a *β-oxidação* dos lípidos e a produção de energia oxidativa no hepatócito.

Na doença aguda, a interrupção prolongada da *β-oxidação* leva à esteatose microvesicular, enquanto que na doença crónica está presente a doença macrovesicular. Os danos graves nas mitocôndrias acabam por conduzir à insuficiência hepática e à morte. A aspirina, o ácido valpróico e a tetraciclina causam lesão mitocondrial através da inibição da *β-oxidação* e a amiodarona através da perturbação da fosforilação oxidativa. Erros congénitos no metabolismo mitocondrial podem predispor um doente a estes tipos de perturbações da função.

4.3.6. Doença neoplásica do fígado

Uma grande parte da literatura atual sobre reacções adversas e o fígado aborda o desenvolvimento de neoplasias após a terapia medicamentosa. Foram identificadas lesões do tipo carcinoma e sarcoma. Felizmente, os tumores hepáticos associados à terapêutica medicamentosa são geralmente benignos e regridem quando a terapêutica medicamentosa é interrompida. Exceto em casos raros, estas lesões estão associadas a uma exposição prolongada ao agente agressor. Os androgénios, os estrogénios e outros agentes hormonais são as causas mais frequentemente associadas à doença neoplásica. O modelo de cancro hepático induzido por medicamentos é a exposição ao cloreto de polivinilo. Utilizado na produção de muitos tipos de produtos de plástico, o cloreto de polivinilo induz angiossarcoma em trabalhadores expostos após apenas 3 anos de exposição.

4.4. Avaliação da doença hepática induzida por medicamentos

A melhor e mais importante técnica para avaliar e monitorizar a doença hepática induzida por medicamentos é a história do doente. São essenciais perguntas sobre o consumo de drogas do doente, bem como uma análise exaustiva dos sistemas. As drogas para fins recreativos não devem ser negligenciadas. A cocaína tem sido diretamente associada a doença hepática. O ecstasy, o nome de rua da metilenodioximetanfetamina, induziu uma hepatite fulminante mortal. O impacto mais generalizado das drogas de rua na incidência de doença hepática é a injeção ou ingestão concomitante de adulterantes. Muitos destes adulterantes são diretamente tóxicos ou servem para aumentar a toxicidade da droga (**Quadro 4.1**).

É igualmente importante determinar o risco de doenças hepáticas não relacionadas com medicamentos decorrentes da exposição profissional ou ambiental. Sabe-se que o arsénico, por exemplo, induz reacções hepáticas agudas e crónicas. Mesmo que a exposição a uma toxina ambiental não produza uma reação hepática, pode predispor o doente a uma reação hepática quando lhe é adicionado um medicamento.**O Quadro 4.2** enumera algumas das toxinas hepáticas mais comuns encontradas em exposições profissionais ou ambientais que podem aumentar o risco de desenvolvimento de uma lesão hepática. As doenças hepáticas crónicas imunomediadas podem muitas vezes ser localizadas em grupos geográficos que correspondem a locais de resíduos tóxicos conhecidos em todo o mundo.

A utilização de medicamentos alternativos por uma pessoa deve ser solicitada. Na série prospetiva de casos referida anteriormente, numa zona do país onde a utilização de medicamentos tradicionais é comum, os remédios à base de plantas e outros medicamentos tradicionais foram responsáveis por 14 dos 132 casos de doença hepática induzida por medicamentos. O chá de confrei é uma causa comum de lesão hepatocelular. Com o remédio chinês *jinbuhuan*, ou com as cápsulas de chaparral, mais elegantemente apresentadas, que contêm folhas de pau-brasil, o fim da terapia com este tipo de agentes é ocasionalmente uma incapacidade grave ou a morte por insuficiência hepática fulminante. O óleo de poejo, o óleo de margosa e o óleo de cravinho causam uma hepatotoxicidade relacionada com a dose.

O estado nutricional de um doente pode ser tão importante para o desenvolvimento de uma doença hepática induzida por medicamentos como a própria hepatotoxina. Os doentes subnutridos devido a doença ou abuso de álcool a longo prazo constituem o grupo mais problemático. Os baixos níveis séricos de vitaminas E e C, juntamente com a luteína e os α- e β-carotenos, estão associados a elevações assintomáticas das transaminases. Por outro lado, níveis séricos elevados de ferro, transferrina e selénio também estão associados a elevações assintomáticas das transaminases.

Todas as potenciais reacções medicamentosas devem ser avaliadas em função do momento da reação em relação à administração do medicamento, das considerações farmacocinéticas, da informação contida nos registos da literatura sobre reacções anteriores, da inclusão de causas alternativas não medicamentosas e da observação clínica atenta quando o medicamento em questão é suspenso. Também é importante ter em mente que a maioria das elevações das enzimas hepáticas não está associada a um medicamento. Num estudo de todos os doentes internados num hospital do Reino Unido com aminotransferases hepáticas elevadas, apenas 9% dos casos envolveram uma droga que não o álcool como possível causa.[2] Em todos os casos, devem ser obtidos títulos de anticorpos séricos contra a hepatite A, B e C. Mesmo nos casos em que a droga é absolutamente apontada como causa, a hepatite viral pode ser uma complicação.

Muitas vezes não existe um bom teste clínico disponível para determinar o tipo exato de lesão hepática, a não ser a biópsia hepática. Existem padrões específicos de elevação enzimática que foram identificados e que podem ser úteis (**Quadro 4.3**). A especificidade de qualquer enzima sérica depende da distribuição dessa enzima no organismo. A fosfatase alcalina encontra-se no epitélio do ducto biliar, no osso e nas células intestinais e renais. A 5'-Nucleotidase é mais específica para a doença hepática do que a fosfatase alcalina, porque a maior parte das reservas de 5'-nucleotidase do organismo se encontra no fígado. A glutamato desidrogenase é um bom indicador de necrose centrolobular porque se encontra principalmente nas mitocôndrias centrolobulares. A maioria das células hepáticas tem concentrações extremamente elevadas de transaminases. A aspartato aminotransferase (AST) e a alanina aminotransferase (ALT) são normalmente medidas no soro. Devido às suas elevadas concentrações e à sua fácil libertação do citoplasma dos hepatócitos, a AST e a ALT são indicadores sensíveis de lesões necróticas no fígado. Após o estabelecimento de uma lesão hepática aguda, podem ser necessárias semanas para que estas concentrações voltem ao normal.

A concentração sérica de bilirrubina é um indicador sensível da maioria das lesões hepáticas e tem um valor prognóstico significativo. As concentrações de bilirrubina de pico elevadas estão associadas a uma fraca sobrevivência. Outros achados importantes que indicam uma sobrevivência fraca são um tempo de protrombina de pico superior a 40 segundos, creatinina sérica elevada e pH arterial baixo. A presença de encefalopatia ou iterícia prolongada não são bons sinais para a sobrevivência do doente e são fortes indicadores de transplante.

As concentrações de bilirrubina e as elevações das enzimas séricas dão uma imagem estática do estado do fígado e não são bons indicadores da função hepática. Os testes clinicamente disponíveis para prever a função hepática incluem a medição das proteínas séricas (albumina ou transferrina).

Quadro 4.1: Abordagem para a avaliação de uma suspeita de reação hepatotóxica

Pontos	-3	-1	0	+1	+2	+3
Qual é a relação temporal? (dias)						
Desde o início da terapia	-	-	??	<5	>90	5-90
A partir do final da terapia	>30	-	??	-	-	<30
Existe evidência da utilização simultânea de uma hepatotoxina ?ª	Sim	Talvez	??	-	-	Não
Existe uma causa alternativa, por exemplo, uma hepatite viral?	Sim	Muito provavelmente - sim	??	Muito provavelmente não		Não
Existem sinais ou sintomas extra-hepáticos?						
Dermatológico: erupção cutânea, eritema palmar, vasculite cutânea	-	-	Não	Sim (+1 para cada)	-	-
Dermatológico: nevos de aranha, unhas brancas (também conhecidas como unhas de Terry)	-	-	Não	Sim ((+1 para cada)	-	-
Hematológico: distúrbios da coagulação	-	-	Não	Sim ((+1 para cada)	-	-
Doenças endócrinas: resistência à insulina, disfunção da tiroide	-	-	Não	Sim ((+1 para cada)	-	-
Doenças endócrinas: insuficiência suprarrenal, hipogonadismo	-	-	Não	Sim ((+1 para cada)	-	-
Músculo esquelético: artralgias, artrite	-	-	Não	Sim ((+1 para cada)	-	-
Neurológico: encefalopatia	-	-	Não	Sim ((+1 para cada)	-	-
Hipertensão portopulmonar	-	-	Não	Sim ((+1 para cada)	-	-

A literatura apoia uma ligação com este medicamento?						
Listado na rotulagem do produto	-	-	-	-	-	Sim
Relatórios publicados na literatura		-	-	-	Sim	-
Não existe informação disponível, a reação não está documentada	-	-	Sim	-	-	-
Resultados de um novo desafio com o medicamento	Negativo	-	-	Inconclusivo	-	Positivo

Quadro 4.2: Hepatotoxinas ambientais e profissões associadas com risco de exposição

Hepatotoxina	Profissões associadas com risco de exposição
Arsénio	Trabalhadores de fábricas de produtos químicos, trabalhadores agrícolas
Tetracloreto de carbono	Trabalhadores de instalações químicas, técnicos de laboratório
Cobre	Canalizadores, escultores, trabalhadores de fundição
Dimetilformamida	Trabalhadores de instalações químicas, técnicos de laboratório
Ácido 2,4-diclorofenoxiacético	Horticultores
Flúor	Trabalhadores de instalações químicas, técnicos de laboratório
Tolueno	Trabalhadores de fábricas de produtos químicos, trabalhadores agrícolas, técnicos de laboratório
Tricloroetileno	Impressores, tinturaria, limpeza, técnicos de laboratório
Cloreto de vinilo	Trabalhadores de fábricas de plásticos; também encontrado como poluente de rios

Tabela 4.3: Padrões relativos de elevação das enzimas hepáticas versus tipo de lesão hepática

Enzima	Abreviaturas	Necrótico	Colestático	Crónica
Fosfatase alcalina	AlkPhos, AP	↑	↑↑↑	↑
5′-Nucleotidase	5-NC, 5-NC	↑	↑↑↑	↑
γ-Glutamiltransferase	GGT, GGTP	↑	↑↑↑	↑↑
Aspartato aminotransferase	AST, SGOT	↑↑↑	↑	↑↑
Alanina aminotransferase	ALT, SGPT	↑↑↑	↑	↑↑
Lactato desidrogenase	LDH	↑↑↑	↑	↑

Com a diminuição da função hepática, as concentrações de proteínas séricas no organismo diminuem a um ritmo determinado pela taxa de eliminação de cada proteína. A sobre-hidratação e a fome também podem diminuir as concentrações de proteínas séricas. As alterações do tempo de protrombina ocorrem frequentemente mais cedo do que as alterações da albumina ou da transferrina. A resposta do tempo de protrombina à administração de 10 mg de vitamina K parentérica é frequentemente utilizada para distinguir entre doença hepática e extra-hepática.

4.4.1. Medição da função hepática

Um bom composto para um teste de função hepática seria teoricamente (a) não tóxico e sem qualquer efeito farmacológico; (b) rápida e completamente absorvido por via oral ou facilmente administrado através de uma veia periférica; (c) eliminado apenas pelo fígado; e (d) facilmente medido (fármaco e seu metabolito) no sangue, saliva ou urina.

Se tiver sido efectuada uma biópsia hepática, a lesão deve ser classificada de acordo com os achados histológicos. Nos casos em que não há biópsia, o padrão de elevação das enzimas hepáticas séricas pode estimar o tipo de lesão. As lesões hepatocelulares são marcadas por elevações das transaminases que são pelo menos duas vezes superiores ao normal. Se a fosfatase alcalina também estiver elevada, ainda se suspeita de uma lesão hepatocelular quando a elevação da ALT é notavelmente maior do que a elevação da fosfatase alcalina. Se a magnitude da elevação for quase igual entre a ALT e a fosfatase alcalina, a lesão é provavelmente colestática.

Uma lesão hepática é aguda se durar menos de 3 meses; é considerada crónica após 3 meses de sintomas consistentes ou de elevação enzimática. Uma lesão hepática é grave se o doente tiver iterícia acentuada, se o tempo de protrombina não melhorar em mais de 50% após a administração de vitamina K ou se for detetável encefalopatia. Se uma lesão hepática aguda evoluir de normal para grave em poucos dias ou semanas, é considerada fulminante.

4.5. Controlo

As transaminases séricas AST e ALT são as transaminases mais frequentemente utilizadas no contexto clínico. É frequente não existirem regras definidas para um determinado medicamento. As directrizes gerais apresentadas na Figura 2 podem ajudar a determinar um plano de monitorização para medicamentos para os quais não existem recomendações prévias. As concentrações destas enzimas devem ser obtidas aproximadamente de 4 em 4 semanas, dependendo das características comunicadas da reação em questão.

5. Plantas medicinais

5.1. Introdução geral

A Organização Mundial de Saúde (OMS) estimou que 80% da população dos países em desenvolvimento depende de medicamentos tradicionais, na sua maioria drogas vegetais, para as suas necessidades de cuidados de saúde primários. Além disso, a farmacopeia moderna ainda contém, pelo menos, 25% de medicamentos derivados de plantas e muitos outros que são análogos sintéticos construídos a partir de compostos protótipos isolados de plantas. A procura de plantas medicinais está a aumentar, tanto nos países em desenvolvimento como nos países desenvolvidos, devido ao reconhecimento crescente dos produtos naturais, que não são estupefacientes, não têm efeitos secundários, estão facilmente disponíveis a preços acessíveis e são, por vezes, a única fonte de cuidados de saúde disponível para os pobres. O sector das plantas medicinais tem tradicionalmente ocupado uma posição importante no domínio sociocultural, espiritual e medicinal da vida rural e tribal da Índia. O grupo das plantas medicinais inclui aproximadamente 8000 espécies e representa cerca de 50% de todas as espécies de plantas com flores superiores da Índia. Milhões de agregados familiares rurais utilizam plantas medicinais em regime de autoajuda. Mais de um milhão e meio de praticantes do sistema indiano de medicina nas correntes oral e codificada utilizam plantas medicinais em aplicações preventivas, promocionais e curativas. Estima-se que existam mais de 7800 unidades de fabrico na Índia. Nos últimos anos, a procura crescente de produtos à base de plantas levou a um salto quântico no volume de materiais vegetais comercializados dentro e entre os países. Segundo uma estimativa do EXIM Bank, o mercado internacional do comércio relacionado com plantas medicinais ascende a 60 mil milhões de dólares por ano, crescendo apenas a uma taxa de 7%. Embora a Índia possua uma rica biodiversidade, a procura crescente está a exercer uma forte pressão sobre os recursos existentes.

Embora a procura de plantas medicinais esteja a aumentar, algumas delas estão a ser cada vez mais ameaçadas no seu habitat natural. Para satisfazer as necessidades futuras, é necessário incentivar o cultivo de plantas medicinais. De acordo com um estudo etnobiológico realizado em toda a Índia pelo Ministério da

Segundo o relatório do Departamento do Ambiente e das Florestas do Governo da Índia, há mais de 8000 espécies de plantas que são utilizadas pela população indiana. **A figura 5.1** representa a planta em vários sistemas indianos de medicina e a sobreposição de plantas utilizadas em todos os sistemas médicos. Vários medicamentos e plantas medicinais com compostos químicos valiosos são apresentados no **quadro 5.1** e na **figura 5.2**.

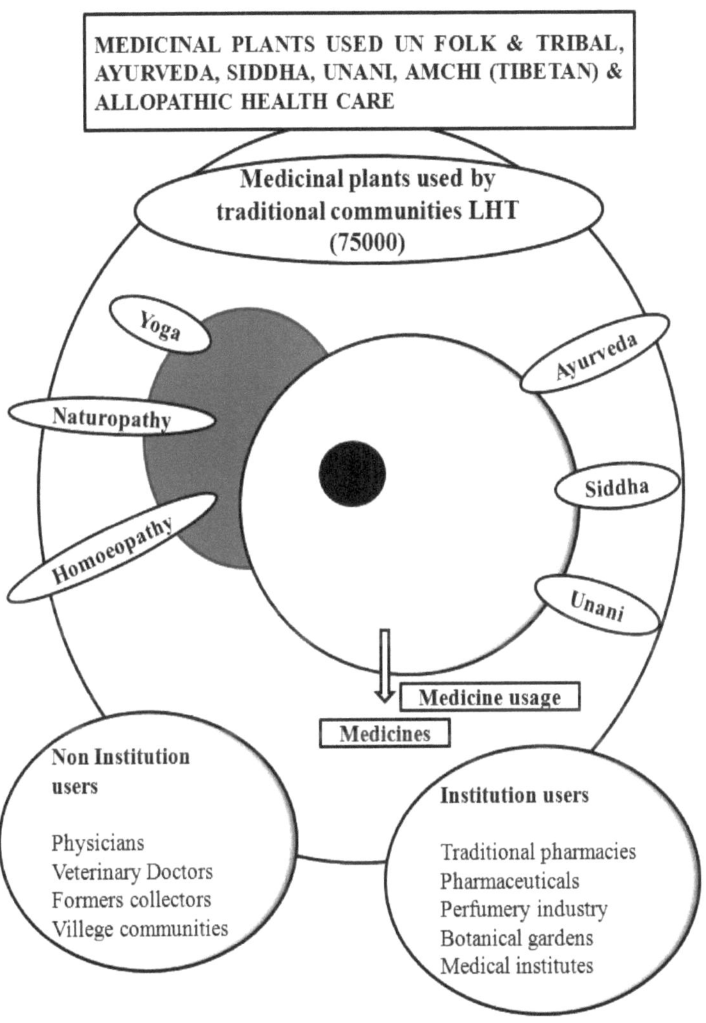

Figura 5.1. Base de recursos da medicina tradicional

5.1. Tabela 1. Plantas hepatoprotectoras com constituintes químicos e agentes hepatotóxicos

S.N.	Nome da planta/Tamil	Família/Parte utilizada	Peça utilizada	Componentes	Agentes indutores de hepatotoxicidade	Referência
1	*Azadirachta indica* (Vembu)	*Meliáceas*	Partes inteiras	Azadiractina, margolona, mono, di, sesqui e triterpenóides, cumarinas, cromonas, lignanos, flavonóides e outros fenólicos	Paracetomol, Acetaminofeno	Jariyawat et al., 2005, Yanpallewar et al., 2002.
2	*Acanthopanax senticosus*	Araliaceae	Caule, casca	A-E, eleutheroside B (siringina), Eleutherosídeos A-M, Friedelin e Isofraxidina	terc-butilo hidroperóxido de hidrogénio (t-BHP)	Wang et al, 2008
3	*Andrographis lineata* (Tamilname-Nilavembu)	Acantáceas	Folhas	Andrographine, Andrographolide, Neoandrographolide, Panicoline, Paniculide-A, Paniculide-B, PlantPaniculide-C,	Ccl4	Sangameswaran et al., 2008
4	*Anoectochilus formosanus* Hayata.	Orquidáceas	Folhas	Glucósidos alifáticos, de ácido butanóico, esteróis, glucósidos aromáticos, flavonóides e glucósidos de flavonóides.	Ccl4	Fang et al, 2008
5	*Apium graveolens* Linn. (Nome Tamil-Sitapazam)	Apiaceae	Sementes	Hidratos de carbono, flavonóides, alcalóides, esteróides e glicosídeos.	Ccl4	Ahmed et al, 2002
6	*Arália continentalis* Kitagawa.	Araliaceae	Raiz	Ácido kaurenóico, taraxerol, β-sitosterol, ácido 16α-hidro-19-al-ent-kauran-17-óico.	Ccl4	Hwang et al, 2008
7	*Artemísia*	Asteraceae	Partes	Tricicleno, α-tujeno, α-pineno, sabineno, 6-	Ccl4	Amat et al,

	absinthium L. (Nome Tamil-Macipattiri)		aéreas, folha	metil-5-hepten-2-ona, α-felandreno.		2010
8	*Artemísia sacrorum* Ledeb.	Compositae	Peças aéreas	1,8-cineol, crisantenona, crisantenol (e o seu acetato), α/β-tujonas e cânfora.	Acetaminofeno	Yuan et al, 2010
9	*Andrographis paniculata* (Nome Tamil-nila Vembu)	Acantáceas	Folha, partes aéreas	Andrographolide, Ciclovia de bicicleta, Lactona, Kalmeghin, Andrograholide,	Paracetomol	Chao e Lin 2010, Bera et al. 2011, Bera et al., 2012, Honda et al., 1989.
10	*Aphanamixis Polistachya* Nome Tamil-Semmaram)	Meliáceas	Folha, Raiz, e Casca	Aphanamixoid A	D-galactosamina	Ripa et al., 2012, Gole e Dasgupta 2002.
11	*Asteracantha longifolia L.* (Nirumulli)	Acantáceas	Eixo da folha, Flor, Raiz, Semente	Andrographolide	D-galactosamina	Muthulingam 2014. Shivashangari et al.,2004, Behera et al., 2010, Dash et al.,2012, Shailajan et al.,2007 .
12	*Alternanthera sessilis*	Amaranthac eae	Folhas, flores,	Fracções etanólica e hexânica	D-galactosamina	Lin et al., 1994

			caule.			
13	*Polissacáridos de Astragalus*	Magnóliaceae	Frutos secos	Flavonóides, não proteicos, aminoácidos, saponinas, alcalóides, compostos nitroquímicos, mucilagem, esteróis, teor de prolina, fenólicos.	Tetracloreto de carbono	Jia et al.,2012
14	*Aloé barbadensis* Moinho. (Kattalai)	Liliaceae	Parte aérea	Flavonóides, hidroxiantraquinonas e cumarina.	Ccl4	Chandan et al., 2007
15	*Astragalus kahiricus*	Fabáceas	Raízes	Astrasieversianina, Astramem-brannina, Astrasieversianina e Cicloastragenol	Carbontetracloreto	Allam et al., 2013
16	*Aegle marmelos* (Nome Tamil-Vilvam)	Rutáceas	Folhas	Saponinas, flavonóides, glicosídeos, alcalóides, taninos	Paracetomol	Anilkumar 2011
17	*Allium sativum* (Nome Tamil - Vellai poondu)	Liliaceae	Lâmpada	Alicinas, alcalóides de Allin, Compostos de carbono, Azoto, Glicosídeos, Óleos essenciais, Óleos gordos, Resinas, Mucilagens, Taninos, Gomas.	Paracetomol, D-galactosamina	Ebenyi et al.,2012, Gupta et al.,2012
18	*Anisochilus carnosus* Linn	Lamiaceae	Caules	Alcalóides, Flavonóides, Glicosídeos	Tetracloreto de carbono	Venkatesh , 2011
19	*Amaranthus espinhoso* (Mullikeerai)	Amaranthaceae	Planta inteira	Taninos, Flobataninos, Saponinas, Flavonóides, Esteróides, Terpenóides, Glicosídeos cardíacos.	Tetracloreto de carbono	Ilango et al.,2010
20	*Agrimonia eupatoria*	Rosáceas	Plantas inteiras	β-sitosterol, betalaína, neoandrographolide	Etanol	Yoon et al., 2012

21	*Arachniodes exilis*	Dryopteridaceae	Rizomas	Aracniodesina A, Aracniodesina B, Aspidin BB, Metil-flor-butirofenão, Aspidinol, Eriodictiol, Miscantosídeo, Eriocitrina, Eriodictiol-7-O-β-D-Glucuronídeo, Cianidenon, Cianidenon-4'-O-β-D-glucopiranosídeo, Epicatequina, Procianidina BB.	Tetracloreto de carbono	Zhou et al.,2010
22	*Espargos racemosus* Linn (Nome Tamil - Sathavari)	Asparagaceae	Raiz	Fenóis, cumarinas	Paracetomol	Fasalu Rahimom, 2011.
23	*Azima tetracantha*	Salvadoráceas	Folhas	Flavonóides, Triterpenóides.	Paracetomol	Arthika, 2011
24	*Abutilon indicum* (Thuthi)	Malvaceae	Folhas	Hidratos de carbono, flavonóides, alcalóides, Glicosídeos, Saponinas, Taninos, Fenóis, Proteínas.	CCl4, Acetaminofeno	Porchezhian e Ansari 2005
25	*Annona squamosa*	Anonáceas	Folhas	Glicosídeo, Anonaína, Aporfina, Coryeline, Isocorydine, Norcorydine, Glaucine. Benzeno, Anonaína, Benziltetrahidroisoquinolina, Borneol, Canfeno, Carifileno, Eugenol, Farnesol, Geraniol, 16-Hetriacontanona, Hexacontanol,	Isoniazida + Rifampicina	Saleem et al., 2008

			Higemamina.		
26	*Amaranthus caudatus* Linn	Amaranthac eae	Planta inteira	Flavonóides, Saponinas, Glicosídeos.	Carbontetracloret o	Venkatesh P, 2011
27	*Apium graveolens* (Nome em Tamil - Asamtavomam)	Apiaceae	Sementes	Estireno, N-pertilbenzeno, cariofileno, A-selineno, N-butilftalida, sedanenolida, juntamente com sablneno, B-elemne, Trans-1-2.	Paracetamol e tioacetamida	Ahmed et al, 2002
28	*Adhatoda vasica* Nees (Aaduthoda)	Acantáceas	Folhas	Flavonóides, alcalóides,	D-galactosamina	Sur *et al.,* 2005
29	*Aerva lanata Linn* (Serupeelai)	Amaranthac eae	Material vegetal em pó grosso	**Alcalóides; ácido β-carbolina-1 -** propiónico, ácido 6-metoxi-β-carbolina-1-propiónico, ácido 6-metoxi-β-carbolina-l-ilpropiónico (ervolanina) e aervolanina (ácido 3-(6-metiloxi-β-carbolina-1-il) propiónico). **Flavanóides;** Kaempferol, Quercetina, Isorhamnetina, Isorhamnetina 3-O-β-[4-p-coumaroyl-α-rhamnosyl, Galactoside e Flavanone glucoside persinol.	Paracetomol	Manokaran et al.,2008
30	*Acácia confusa*	Leguminosa s	Casca	Flavonóides, ácidos fenólicos, taninos e Diterpenos fenólicos.	Ccl4	Tung et al., 2009
31	*Acácia catechu* Nome Tamil - Karunkaali	Leguminosa s	Catechu pálido em pó	Cianidol, taninos, flavonóides e polifenóis.	Tetracloreto de carbono	Bannale et al., 2013
32	*Alchornea cordifolia*	Euphorbiace ae	Folhas	Saponinas, Alcalóides, Hidratos de carbono, Açúcar redutor, Taninos e Flavonóides	Paracetomol	Tolulope Olaleyea et al.,2009

33	*Argemone mexicana*	Papaveraceae	Plantas inteiras	Alcalóides como a berberina, Protopina, Sarguinarina, Optisina e Chelerytherina, a o óleo de sementes contém ácidos mirístico, palmítico, oleico e linoleico	Tetracloreto de carbono	Adam et al., 2011
34	*Alocasia indica* Linn	Araceae	Folhas	Saponinas, taninos, alcalóides, flobataninas, glicosídeos	Ccl4	Patil et al., 2011
35	*Boerhaavia diffusa* (Nome Tamil - Mookirattai)	Nyctaginaceae	Planta inteira	Alcalóides, Flavonóides, Hidratos de carbono, Taninos, Esteróides, Saponinas, Flavonóides, Punarnavina	Rifampicina	Salman Khan et al.,2013 e Muthulingam 2014
36	*Betula utilis*	*Betuláceas*	Folhas. Casca	**Folhas;** ovado-acuminado, **Casca;** betulina, lupeol, oleanólico Ácido acetileno-heanólico, ácido betulítico, lupenona, sitosterol, metil betulonato, metil betulado.	D-galactosamina	Jayavelu *et al.,* 2013
37	*Baliospermum montanum* (Nome Tamil - Nakatanti)	Euphorbiaceae	Raiz	Alcalóides, fenóis, hidratos de carbono, taninos, esteróides, saponinas, flavonóides, glicosídeos cardíacos, proteínas, terpenóides, resinas e glicosídeos	Paracetomol	Wadekar et al., 2008
38	*Byrsocarpus coccineus* Schum	Connaraceae	Folha	Alcalóides, taninos, glicosídeos cardíacos, esteróides, terpenóides, flavonóides, antraquinonas, flobataninos, açúcares redutores e saponinas	Ccl4	Abidemi et., 2010
39	*Bupleurum kaoi*	Umbelíferas	Raízes secas	Alcalóides, Taninos, Esteróides, Terpenóides, Flavonóides.	Ccl4	Lin et al., 1995
40	*Bixa orellana*	Bixaceae	Plantas	Iswarane, ácido elágico, δ-Tocotrienol,	Tetracloreto de	Smilin Bell

			inteiras	Bixina, estigmasterol, β-sitosterol, inositol, ácido ursólico, ácido maslínico e ácido arjunólico.	carbono	Aseervatham et al., 2012
41	*Bupleurum chinese*	Umbelíferas	Raízes	Alcalóides, Flavonóides, Cumarinas, Triterpenóides, Quinonas.	D-galactosamina	Lee et al.,2010
42	*Bauhinia variegata* L.	Leguminosas	Casca do caule	Terpenóides, flavonóides, taninos, saponinas, açúcares redutores, esteróides e glicosídeos cardíacos	Ccl4	Bodakhe e Carneiro, 2007
43	*Berberis tinctoria* Lisch.	Berberidaceae	Folhas	Alcalóides, como a berberina, a berbamina, a jatrorrhizina e a palmatina	Acetaminofeno	Murugesh et al., 2005
44	*Coldenia procumbens*	Boragináceas	Plantas inteiras	Glicosídeos, fitoesteróis, Proteínas, aminoácidos, óleos fixos Flavonóides, gomas e mucilagens como principais constituintes.	D-galactosamina	Ganesan et al 2014
45	*Camélia sinensis* Kuntze. (Planta de chá)	Theaceae	Folhas	Flavanóis, hidroxil-4-flavanóis, antocianinas, flavonas, Flavonóis e ácidos fenólicos. (-)-epicatequina, galato de epicatequina, -Galocatequina (GC)	Oxalato de sódio	Oyejide e Olushola, 2005
46	*Cassia tora* L. (Thangarai)	Caesalpiniaceae	Folhas, sementes	Alcalóides, Esteróides e Flobataninos, Fenólicos e Flavonóides, Saponinas e Glicosídeos Cardíacos, Taninos.	Ccl4	Dhanasekaran et al., 2009
47	*Camomila capitula* L. Rousch.	Asteraceae	Planta inteira	Flavonóides ,Apigenina, Quercetina, Patuletina, Luteolina e seus Glucósidos,	Acetaminofeno	Gupta e Misra, 2006
48	*Cistanche tubulosa* Wight.	*Orobanchaceae*	Caule	Equinacosídeo , Acteosídeo , Isoacteosídeo , Poliumosídeo , Cistanosídeo C, 2_ -	D-galactosamina Lipopolissacárido	Morikawa et al., 2010

82

			acetilacteosídeo , 2_- acetilpoliumósido e tubulosídeo B		
49	*Cistus laurifolius* L.	Cistáceas	Folhas	Tricicleno, α-Thujene, α-Pineno, Camphene, Sabineno, β-Pineno, α-gelandreno.	Acetaminofeno	Kupeli et al, 2006
50	*Citrus limon* L. Burm. (Elumichai)	Rutáceas	Frutos	Cumarinas, flavonóides, carotenos, terpenos e linalol	Ccl4	Bhavsar et al, 2007
51	*Cordia macleodii* Griff.	Boraginácea s	Folhas	Ácido P-hidroxifeniláctico, Quercetina	Ccl4	Qureshi et al, 2009
52	*Coronopus didymus* Linn.	Bracicáceas	Planta inteira	Alcalóides, taninos, Antraquinonas, Glicosídeos, Açúcar redutor, saponinas, Flobataninas, esteróides, Terpenóides, cumarinas, emodina Antocianina, Betacianinas, Flavonóides	Ccl4	Mantena et al., 2005
53	*Cuscuta chinensis* Lam.	Convolvulác eas	Sementes	Flavonóides, Lignanos, Ácido Quínico e Polissacáridos, Flavonóides	Acetaminofeno	Yen et al, 2007
54	*Cytisus scoparius* L.	Leguminosa s	Peças aéreas	Aminas biogénicas, Flavonóides, (espiraeósido e Escoparosídeo), isoflavonas e seus glicosídeos (Genistina), bem como alcalóides de quinolizidina alelopáticos	Ccl4	Raja et al, 2007

				(sobretudo esparteína, lupanina, escoparina e hidroxi-derivados),		
55	*Cochlospermum planchoni*	Coclosperma ceae	Rizomas	Saponinas, flavonóides, cumarinas, ácidos gordos, esteróides, polissacáridos e poliacetilenos	Tetracloreto de carbono	Olotu et al., 2011
56	*Casuarina equisetifolia*	Casuarinace ae	Partes inteiras	Taninos, Flavonóides, Alcalóides, fenólicos, terpenóides e esteróides	Tetracloreto de carbono	Ahsan et al., 2009
57	*Cleome viscose* Linn	Capparidace ae	Pó de folhas	Os alcalóides, os flavonóides e os ácidos gordos são os principais constituintes activos deste género, Seis glicosídeos flavonóides principais, tais como Kaempferol, Chrysoeriol, Isorhamnetin, Crisoeriol-7-O-Xilosóide, Kaempferol-3-Galactorhamnosídeo e isorhamnetina 3-O-β-Dapio-Furanosil, β-D-galactopiranosídeo	Paracetomol	Rehman et al., 2015
58	*Curcuma longa*	Zingiberacea e	Rizoma	Curcumina, Turmerona, Monoterpenos 5% de curcuminóides, Minerais, caroteno e vitamina C.	Paracetomol, Diclofenac.	Anilkumar 2012, Hamza, 2007
59	*Camomila capitula*	Compositae	Partes inteiras	α-bisabolol, óxido de α-bisabolol A e B, chamazuleno, sesquiterpenos; cumarinas: umbeliferona; flavonóides: Luteolina, apigenina, quercetina; espiroéteres: En-yn dicycloether.	Paracetomol	Gupta e Misra, 2006
60	*Cryptolepis buchanani*	Berberidacea e	Planta inteira	Alcalóides	Acetaminofeno	Padmalochana et al., 2013.
61	*Calotropis procera*	Asclepediac	Casca da	Terpinoides-glicosídeos, Flavonóides.	Carbono tetra	Patiprakash,

	R.Br	eae	raiz		induzida por cloreto	2011
62	*Cassia roxburghii*	Fabaeceae	Folhas	Alcalóides, Flavonóides, Saponinas, Triterpenois, Fenóis, Tióis, Taninos.	Carbontetracloreto	Arulkumaran et al., 2009
63	*Cuscuta reflexa* Roxb	Cuscutáceas	Planta inteira	Escoparona, Melanetina, Hiperósido de Quercetina, Luteolina, Dulcitol, Luteolina, Glicosídeo.	Paracetomol	Amaresh et al.,2014
64	*Cajanus cajan* Linn	Leguminosas	Folha de ervilha-de-pombo	Flavonóides, estibenos.	D-galactosamina	Oluseye Ade Boye Akinloye, 2011
65	*Cajanus scarabaeoides* Linn	Fabaeceae	Planta inteira	Flavonóides	Paracetomol	Suman Pattanayak, 2011
66	*Carissa carindas* Linn	Apocyanaceae	Raiz	Alcalóides, Taninos, esteróides	Carbontetracloreto	Balkrishnan, 2011
67	*Clitoria ternatea* Linn	Fabáceas	Folhas	Flavonóides fenólicos.	Paracetomol	Yengchen, 2011
68	*Cucumis trigonus* Roxb	Cucurbitáceas	Fruta	Flavonóides	Carbono tetra cloreto	Mohammad Imtiaz, 2010

69	*Coccinia grandis* Voigt (Kovai em tamil)	Cucurbitáceas	Raízes, folhas. Frutos.	**Folhas;** hepatacosano, cefalandrol, tritriacontano, β-sisterol, cefalandrina A e B, acetatos de cicloartanol, α-amirina, β-carotano, lupeol, 24-metileno-cicloartanol, ácido cafeico, quercetina e caempferol. **Frutos; β-Amirina** e seu acetato, Lupeol, Cucurbitacina-b, Taraxerona-sitosterol. **Raízes;** Estigmast-7-en-3-ona, β-amirina, Lupeol e β-sitosterol.	Carbontetracloreto	Vadivu *et al,* 2008, Saraswat et al., 1996
70	*Cassia occidentalis*	Caesalpinaceae	Planta inteira	Alcalóides, Aaponinas, Hidratos de carbono, Glicosídeos, Óleos fixos e Gorduras, Aminoácidos, Flavonóides, Antraquinonas, taninos e compostos fenólicos.	Paracetamol	Jafri et al., 1999
71	*Capparis spinosa*	Capparidaceae	Raiz, casca	Isorhamnitine-3-O rutinoside, 1 tetradecanol, p-hidroxibenzaldeído, 6,10,14-trimetil-2-pentadecanona, ácido ursólico, monotetracostanoato de glicerol, Ácido 4-cumárico, nicotinamida, hexadecanoato de metilo, sitosterol, sitosterilglucósido, Cadabicina, ácido octadecanóico, rutina e estacidrina.	Ccl4	Aghel et al., 2007
72	*Clerodendrum inerme*	Verbenáceas	Folhas	Glicosídeos fenilpropanóides e feniletanóides, flavonóides, diterpenóides e iridóides.	Ccl4	Rabiul et al., 2011
73	*Carum copticum*	Apiaceae	Semente	Hidratos de carbono, glucósidos, saponinas e compostos fenólicos (carvacrol), óleos voláteis (timol), terpieno, paracimeno e betapineno, Proteínas, gorduras, fibras e minerais,	Paracetamol e Ccl4	Komeili et al., 2012

				incluindo cálcio, fósforo, ferro e ácido nicotínico (niacina)		
74	*Coptidis rizoma*	Ranunculace ae,	Plantas inteiras	Berberina, Coptisina, Palmaina, Jatrorrhizina, Worenina, Epiberberina`	D-galactosamina	Merlin NJ e Parthasarathy V, 2011
75	*Careya arborea*	Myrtaceae	Casca	Triterpenóides, flavonóides, saponinas cumarínicas e taninos.	Carbontetracloret o	Sambath kumar et al., 2005
76	*Cassia fistula* (Sarakonnai maram)	Caesalpiniac eae	Planta inteira	Glicosídeos, Carbohideratos, Resina, Tanino, Magnésio, Cálcio, Potássio, Ferro, Fistucacidina, Beta-sitosterol, N-tricontanol, Leucopelavgonidina, Flavonóides, Glucosídeos, Goma, Óleo volátil.	Carbontetracloret o	Chaudhari et al.,2009
77	*Caesalpinia bonduc*	Fabáceas	Planta inteira	Furanoditerpenos: a-caesalpin, β-caesalpin, γ-caesalpin, δ-caesalpin, ε-caesalpin e Caesalpin -F; Ácidos gordos: Ácidos palmítico, esteárico, octadeca-4-enóico, octadeca-2, 4-dienóico, lignocérico, oleico e linoleico, fitoesterina, B-sitosterol, homoisoflavona bonducelina; aminoácidos: ácido aspártico, arginina e citrulina; hidratos de carbono: Amido e sacarose; β-caroteno, glicosídeo-bonducina, gomas e resinas.	Carbontetracloret o	Sambath Kumar 2010
78	*Cichorium intybus*	Asteraceae	Planta inteira	Alcalóides, óleos voláteis, ácidos gordos, emodinas, flavonóides, Triterpenóides, Antaraceno, Glicosídeos, Taninos, Fenólicos e saponinas.	Carbontetracloret o	Heibatollah et al., 2008
79	*Decalepis hamiltonii* Wight.	Asclepiadác eas	Raiz	4-Ometilresorcilaldeído, Álcool benzílico, β-cariofileno	Ccl4	Heibatollah et al.,

87

				e α-atlantona. Aromáticos Aldeídos , Monoterpeno, Hidrocarbonetos, Álcoois , e Cetonas, β-phellandrene e Trans-anethole.		2008.Srivastava e Shivanandappa, 2010
80	*Diospyros malabarica* Kostel.	Ebenáceas	Casca	Taninos, compostos triterpenóides como a α-amirina, o uvaol, o ácido ursólico, o ácido 19α-hidroxi ursólico e o ácido 19 α,24-di-hidroxi ursólico .	Ccl4	Mondal et al, 2005
81	*Diplotaxis acris* Boiss.	Compositae	Sementes	Taninos, saponinas, esteróis e ou triterpenos, alcalóides, antraquinonas, flavonóides, lactonas/ésteres, proteínas e ou aminoácidos e hidratos de carbono e ou glicósidos	Ccl4	Atta et al, 2006
82	*Enicostemma axillare* Raynal.	Gentianacea e	Swertiama rin de Planta inteira	Alcalóides, saponinas, flavonóides, esteróides, taninos, proteínas, açúcares redutores cumarinas e quinonas	D-galactosamina	Jaishree e Badami, 2010
83	*Epaltes divaricata* L.	Compositae	Planta inteira	Flavonóides, ácido ascórbico, carotenóides, Tannis e Ligninas.	Ccl4	Hewawasam et al., 2004
84	*Elephantopus scaber L.,*	Asteraceae	Planta inteira	Flavonóides, Triterpenóides, Ésteres de flavonóides e Sesquiterpenos, Lactonas	D-galactoamina	Battu et al., 2012
85	*Equisetum arvense*	Equisetáceas	Peças aéreas	Fenólicos Petrosinas, Onitina e Onitina-9-O-glucósido, Flavonóides, Apigenina , Luteolina , Kaempferol-3-O-glucósido , e Quercetina-3-O-glucósido	Ccl4	Oea et al., 2004.
86	*Euphorbia fusiformis* D. Don.	Euphorbiace ae	Tubérculo s	Alcalóides, Saponinas, Esteróides, Triterpenóides,	Rifampicina	Anusuya et al., 2010

			Flavonóides,		
87	*Enicostemma axillare*	Gentianacea e	Partes inteiras	Alcalóides, Esteróides, Saponinas, Triterpenóides, Flavonóides, ácidos fenólicos e xantenos	D-galactosamina	Zhang et al., 2013
88	*Eclipta alba*	Asteraceae	Folhas Flor.	Taninos, flavonóides, coumestanos, saponinas e alcalóides,Wedelolactona	Carbontetracloreto	Khin et al., 1978
89	*Elaeocarpus sphaericus* K.Sehum (Rudraksha em tamil)	Elaeocarpus ganitrus Roxb	Frutos, caroço de sementes	**Frutos:** Alcalóides como a Rudrakina, Elaeocarpidina, Elaeocarcarpina e Isoelaeocarpina. **Semente:** Ácido palmítico, ácido isopalmítico e ácido linoleico.	Carbontetracloreto	Anusha Janarthan 2014
90	*Embelia ribes*	Myrsinaceae	Frutos	Açúcares redutores, Polissacáridos não redutores, Passeios, Gomas, Mucilagem, Proteínas, Aminoácidos, Gorduras e óleos, Esteróides, Glicosídeos, Saponina, Flavonóides, Alcalóides, Taninos, Óleo volátil.	Paracetamol	Tabassum e Agrawal 2003
91	*Ficus carica*	*Morácea*	Folhas	Esteróides, glicosídeos e cumarinas	Carbontetracloreto	Krishna mohan et al.,2007
92	*Ficus religiosa* Linn	Moráceas	Casca do caule	Glicosídeos, esteróides, taninos	Carbontetracloreto	Kavitha Suryawanshi,

						2011
93	Fumaria indica	Fumaricácea s	Planta inteira	Ácido fumárico, alcaloide Fumarina.	Carbontetracloret o	Hussain et al., 2012
94	*Foeniculum vulgare*	Apiaceae	Planta inteira	α-Pineno, canfeno, sabineno, β-Pineno, mirceno, felandreno, limoneno, fenchona, flavonóides, ácidos fenólicos, ácidos hidroxicinâmicos, cumarina e tanino . Os ácidos fenólicos incluem o ácido 3-O-cafeoilquínico, o ácido 4-O-cafeoilquínico, o ácido 5-O-cafeoilquínico, o ácido 1, 3-O-di-cafeoilquínico, o ácido 1, 4-O-di-cafeoilquínico e o ácido 1, 5-O-di-cafeoilquínico, o eriodictiol-7-Rutinosídeo, quercetina-3-rutinósido e ácido rosmarínico, quercetina-3-O-galactósido, kaempferol-rutinósido, raempferol-3-O-glucósido, quercetina-3-O-glucuronido, kampferol-3-O-glucuronido, isoquercetina e isorhamnetina-3-O-glucósido.	Carbontetracloret o, Paracetomol	Naeem et al., 2014, Devika et al.,2013
95	*Flacourtia indica*	Flacourtiace ae	Folhas, Casca, Caule, Frutos, Raiz e até Planta inteira	Glicosídeos fenólicos, lignanos e esteróis como o β-sitosterol, polissacarídeos, flavonóides e taninos condensados, alcalóides, terpenóides e açúcares, cumarinas como a escoparona e a asculetina,outros compostos como Flacourtina, Pirocatecol, Homalosídeo D, Poliothrysosídeo, β-sitosterol, β-D-Glucopiranosídeo, Ramantosídeo, Butirolactona, Lignana, Dissacarídeos.	Carbontetracloret o	Gnanaprakash et al., 2010
96	*Glycyrrhiza glabra*	Leguminosa	Raízes	Saponina, Glicirrizina, 5 vezes mais doce	D-galactosamina	Inoue *et al.,*

		s		que o açúcar, Glicosídeos, Esteróides, Glicose, Sacarose, Resina, Amido e Óleo essencial.		2007, Jaishree Badami e 2010
97	*Garcinia indica* Linn	Clusiaceae	Casca de frutos	Benzofenonas, Garcinol.	Carbontetracloreto	Amol Bhalchandra, 2011
98	*Glycosmis pentaphylla* Hook.	Rutáceas	Folhas e raiz	Furoquinolina, Quinolona, Acridona, Alcalóides da série Carbazole, Glicolona, Glucozolicina, Mupamina e Glicosina.	Carbontetracloreto	Ahsan et al.,2009
99	*Garcinia mangostana*	Clusiaceae	Planta inteira	Metilparabeno , 3,4,5-tri-hidroxibenzoato de metilo , Parvifoliol A1, 2,3-di-hidroxibenzoato de metilo , ácido 4-hidroxibenzóico , Epicatequina e uma xantona, Mangostanina.	Paracetomol	Thamiz selvam et al., 2011
100	*Ginkgo biloba*	Ginkgoaceae	Planta inteira	Terpeno, Trilactonas, Flavonol, Tlicosídeos, Biflavonas, Proantocianidinas, Alquilfenóis, Ácidos fenólicos simples, Ácido 6-hidroxiquinurénico, 4-O-metilpiridox-ine e Poliprenóis.	Carbontetracloreto	Ashok Shenoy et al.,2001
101	*Ganoderma lucidum*	Polyporacea es	Cogumelos de inverno	Alcalóides, Esteróides, Saponinas, Triterpenóides, Flavonóides, glicosídeos cardíacos .	D-galactosamina, tetracloreto de carbono	Ali et al., 2014
102	*Gundelia tourenfortii*	Asteraceae	Talo comestível fresco	Esteróides e Triterpenóides Fenólicos e taninos Flavonóides Saponina Alcaloide Antraquinona, Glicosídeo	Ccl4	Jain et al.,2012

			Proteína		
103	*Glycyrrhiza glabra* L.	Leguminosas	Glicirrizina da Raiz	Saponina, Flavonóides, Alcalóides, Esteróides, Terpenóides, Taninos e glicosídeos, mas hidratos de carbono, Proteínas, Flobataninos, Compostos fenólicos	Ccl4	Lee et al, 2007
104	*Grewia tiliaefolia* Vahl.	Tiliaceae	γ-lactonas de Casca do caule	Triterpenóides, esteróides, glicosídeos, flavonas, lignanas, fenólicos, alcalóides, lactonas e ácidos orgânicos	Ccl4	Ahamed et al, 2010
105	*Gentiana olivieri*	Gentianacea e	Peças aéreas	Alcalóides, ácidos gordos, secoiridóides, triterpenóides (ácido oleanólico (OA) e ácido ursólico das flores) e bioflavonóides	Tetracloreto de carbono	Orhan et al., 2003
106	*Halenia elliptica*	Gentianacea e	Planta inteira	Xantonas, glicosídeos de xantonas, flavonóides de cromonas, glicosídeos de secoiridoides, alcalóides de triterpenoides	Ccl4	Huang et al, 2010
107	*Hibiscus sabdariffa* L.	Malvaceae	Flores	Alcalóides, antocianinas, flavonóides, saponinas, esteróides, esteróis e taninos	Azatioprina	Amin e Hamza, 2005
108	*Hypericum japonicum*	Clusiaceae	Planta inteira	Flavonóides, floroglucinóis e Xantonas	Tetracloreto de carbono	Wang et al., 2008
109	*Hoslundia em frente*	Lamiaceae	Caule	1, 8-cineol, - terpineol, sabineno, timol e car-3-eno. O óleo do fruto tinha abundância de cânfora, linalol e limoneno	Tetracloreto de carbono	Pete et al.,2010.
110	*Hibiscus esculentus* Linn (tamil -vendaikaai-dedos de senhora)	Malvaceae	Planta inteira	Alcalóides, Glicosídeos cardíacos, flavonóides, taninos, antraquinonas, saponinas, Óleos voláteis, glicosídeos cianogénicos,	Tetracloreto de carbono	Anbu Jeba Sunilson 2013

				cumarinas, triterpenos esteróis		
111	*Hygrophila auriculata* Heine.	Acantáceas	Raiz	As sementes contêm óleo de cor amarela, Diastase, Lipase, Protease, Sais de Potássio, Mucilagem,	Ccl4	Shanmugasundaram e Venkataraman, 2006
112	*Hyptis suaveolens* Linn	Lamiaceae	Folhas	Flavonóides	Acetaminofeno	Babalola, 2011
113	*Hedyotis corymbosa Lam* (Parpatagam em tamil)	Rubiáceas	Planta inteira	Cafeína, ácido fumárico, biflorona, ciflorina, ácido oleanólico, ácido ursólico, asperglausida, escandosídeo, metil éter, ácido asperulosídico, ácido geniposídico, desacetilasperulosídico, asperulosídeo e desacetil asperulosídeo.	D-galactosamina	Gupta et al., 2014
114	*Indigophora tinctorea* (Avuri)	Fabáceas	Planta inteira	Sais inorgânicos de azoto, ácido fosfórico, cal, potassa, juntamente com apigenina, kaempferol, luteolina, quercetina, galactomanano de sementes, galactoss, manose.	Paracetomol	Deshpande 2010 e Muthulingam et al., 2010.
115	*Justicia simplex* D. Don.	Acantáceas	Planta inteira	Alcalóides, Proteínas, Flavonóides, Aminoácidos, Taninos, Hidratos de Carbono, Saponinas, Terpenóides e Esteróides.	Ccl4	Jasemine et al., 2007
116	*Juncus subulatus*	Juncaceae	Tubérculos em pó	Flavonóides, cumarinas, terpenos, estilbenos, esteróis, ácidos fenólicos, carotenos, derivados de fenantrenos.	Paracetomol	Ayman et al., 2009
117	*Jatropha curcas*	Euphorbiaceae	Raiz, casca, folhas, caule, sementes e látex.	Aminoácidos, ácido aracnídeo, ácido leonéico, ácido mirístico, oleico, esteárico, arabinose, glicose, ramnose, galactose, xilose, galactourínico, beta-sitoserol, taraxerol, sacarose, vitexina, taraxerol, compesterol, triacontanol.	Clorofórmio	Okechukwu *et al.*, 2015

118	*Jasminum arborescens* Roxb (kattamalligai)	*Oleáceas*	Folhas	Benzoato de benzilo, álcool benzílico, eugenol, farnesol, bergamoteno, linalol, indole, geranoil, ácido benzoico, vanilina.	Isonizado	Dhamal et al., 2012
119	*Kyllinga nemoralis* L.	Cyperaceae	Rizoma	Alcalóides, Flavonóides, Hidratos de carbono, fenóis, taninos e esteróides	Ccl4	Somasundaram et al., 2010
120	*Kalanchoe pinnata* Pers (Runa kalli)	Crassuláceas	Folhas	Alcalóides, fenóis, flavonóides, taninos, antocianinas, glicosídeos, bufadienolídeos, saponinas, cumarinas, sitosteróis, quininas, carotenóides, tocoferol e lectinas	Ccl4	Dixit e Yadav 2003
121	*Kigelia africana*	Bignoniacea e	Folhas	Flavonóides, saponinas esteroidais, naftoquinonas e constituintes voláteis	Paracetomol	Hemamalini et al., 2012
122	*Laggera alata* (D. Don)	Sch.-Bip.	Planta inteira	Triterpenos, flavonóides, alcalóides, polifenóis, esteróis e saponinas	Ccl4	Wu et al, 2009
123	*Ligustro robustum* Roxb.	Oleáceas	Folhas	Terpenóides, saponinas, polifenóis (especialmente flavonóides), glicosídeos e muitos outros compostos	Ccl4	Lau et al, 2002
124	*Lygodium flexuosum* (L.) Sw.	Lygodiaceae	Planta inteira	Para além do açúcar, do amido, das proteínas e dos aminoácidos, os fetos contêm uma variedade de alcalóides, glicosídeos, flavonóides, terpenóides, esteróis e fenóis, Sesquitorpens etc.	Ccl4, D-galactosamina	Asha e Suresh, 2008, Wills e Asha, 2006
125	*Leucas cilita* Linn	Lamiaceae	Planta inteira	Flavonóides	Carbontetracloreto	Qureshi, 2010, Amol et al., 2011,
126	*Leucas aspera* (Thumbai Thoongumoonchi)	Labiatae	Peças aéreas	Alcalóides, fitoesteróis, flavonóides, saponinas, fenóis e glicosídeos	Carbontetracloreto	Latha e Latha, 2013

127	*Leucas lavandulaefolia* Ress	Lamináceas	Planta inteira	Acacetina, Crisoeriol, Linifolisídeo, Foliol, Crisoeriol-6" Glucosídeo, Lupeol, TaraxliNierona,	D-galactosamina	Chandrashekar *et al.,* 2007
128	*Luffa echinata*	Cucurbitáceas	Frutos	Lucosídeos C, E, F, H, uma mistura de alfa-espinasterol, alfa-espnisteril glucósido, estigmasteril-beta-D-glucósido e éster metílico.	Ccl4	Chandrashekar e Prasanna 2010
129	*Laggera pterodonta*	Asteraceae	Erva inteira	Hidratos de carbono, terpenos, flavonóides, fenóis, taninos, flobataninos, esteróis, alcalóides, óleo volátil, resinas,	D-galactosamina	Wu et al., 2006
130	*Lactuca sativa*	Asteraceae	Plantas inteiras	Ácido ursólico , Estigmasterol, Sitosterol, Galactosídeo de b-sitosterol, Herniarina e 2,4,6-tri-hidroxietilbenzoato	Ccl4	Hefnawy et al., 2013
131	*Lepidium sativum* (Nome Tamil-Alivirai)	Brassicaceae	Plantas inteiras	Flavonóides, cumarinas, glicosídeos de enxofre, triterpenos, esteróis.	Carbontetracloreto	Afaf et al.,2008
132	*Momordica subangulata* Blume.	Cucurbitáceas	Folhas	Alcalóides, glicosídeos, saponinas, hidratos de carbono, aminoácidos	Acetaminofeno	Asha 2011
133	*Moringa oleifera* Lam. (Murungai maram)	Moringeaceae	Semente	Hidrocarbonetos,Hexacosano, pentacosano, heptacosano , pentacosano hexacosano, (*E*)-fitol, timol, ácido hexanóico , ácido acético, Nonacosano, 1, 2,4-trimetil-benzeno .	Ccl4	Hamza, 2010, Eshak et al., 2015
134	*Mallotus japonicus*	Euphorbiaceae	Córtexes secos	Bergenin	D-galactosamina	Lim et al.,2000
135	*Mirto (Myrtus communis)* Linn	Myrtaceae	Folhas	Flavonóides, Terpenóides, Esteróides	Paracetomol	Pasumarthi Phaneendra, 2011

136	*Morinda citrifolia* (noni)	Rubiáceas	Planta inteira	Antraquinonas, Ácidos gordos Derivados, Flavonóides, Iridóides, Lignanos, Fenilpropanóides, Derivados de sacarídeos e Triterpenóides	Ccl4, Estreptozotocina	Kumar et al.,2011, Shivananda Nayak, 2011
137	*Mimusops elengi* (Tamilname-Ilanchi)	Sapotáceas	Frutos	Quercitol, ácido ursólico, di-hidro quercetina, quercetina, β - d glicosídeos de β sitosterol, alfa-espinasterol	D-galactosamina	Gupta et al., 2014 (a)
138	*Madhuca longifolia*	Sapotáceas	Planta inteira	Flavonóides, Terpenóides, Esteróides	D-galactosamina	Rao *et al.,* 2012
139	*Macrotyloma uniflorum*		Sementes	Flavonóides e taninos	D-galactosamina, Paracetamol, silimarina.	Parmar et al.,2012
140	*Melia azedirecta* Linn	Piperaceae	Folhas	Piperaceae	Carbontetracloreto	Rajeswary, 2011
141	*Myoporum laetum* Linn	Myoporaceae	Folhas	Flavonóides	Profenofos	Mohammad, 2011
142	*Momordica dioica*	Cucurbitáceas	Folhas	Saponinas, taninos, flavonóides, Esteróides, Triterpenos, Cumarinas, Quinonas, Ácidos orgânicos e alcalóides	Ccl4	Chaudhary etal., 2010
143	*Melochia corchorifolia*			Esteroide, Flavonóides, alcalóides, taninos, hidratos de carbono.	D-galactosamina	Wang et al., 2006
144	*Nyctanthes arbor-tristis*	Oleáceas	Sementes, folhas	Nyctanthessin	D-galactosamina	Jayachitra J e Rubavahini V. 2015

145	*Nelumbo nucifera* Gaertn.	Nelumbonac eae	Folhas	Glicose, Tanino, Gordura, Resina, Metarbina, Alcaloide Nelumbina,	Ccl4	Huang et al, 2010
146	*Orthosiphon stamineus*	Lamiaceae	Folhas	Ácido cafeico, Cichoric Ácido, ácido rosmarínico, sinesetina, patorina, diterpenos, estaminol C e D Isopimarano, Ortosifonona C, D e 14-deoxo-14-acetilortosifol Y, juntamente com a presença de 16 Diterpenos conhecidos, ortossifóis A, B, D, K, M, N, O, X, e Y, Nororthosiphonolide A, Neoorthosiphol B, Orthosiphonone A, seco-ortofosifol B e C, *3-O-deacetilortosifol* I, e 2-deacetilortosifol J	Acetaminofeno	Chin et al.,2009
147	*Ocimum sanctum* (Thulasi)	Lamiaceae	Folhas	Alcalóides, Taninos, Saponinas, Esteróides, Flobataninos, Terpenóides, Flavonóides Cardíaco. Glicérido	Paracetomol	Chattopadhyay et al.,1992
148	*Operculina turpethum* L.	Convolvulác eas	Planta inteira	Fenol, flavonoide, fitosterol, terpenóide e glicosídeos cardíacos	Acetaminofeno	Suresh kumar et al., 2006
149	*Phyllanthus amarus* Schum. et Thonn.	Euphorbiaca e	Peças aéreas	Filantina, Alcalóides, Antraquinona, Bálsamo, Flavonóides, Glicosídeo, Flobatanina, Saponinas, Glicosídeo de saponinas, Esteróides, Taninos, Terpenóide.	Aflatoxina B1, Carbontetracloret o	Naaz et al, 2007, Krithika R e Verma 2009
150	*Phyllanthus polyphyllus*	Euphorbiace ae	Folhas	Alcalóides, saponinas, taninos, terpenóides, flavonóides e flobataninos	Acetaminofeno	Rajkapoor et al., 2008

151	*Ptrospermum acerifolium*	Sterculiacea e	Folhas	Alcalóides, taninos, saponinas, flavonóides, glicosídeos cardíacos, esteróis, glicosídeos de antroquinona, hidratos de carbono e proteínas	Ccl4	Kharpate et al.,2007
152	*Phyllanthus niruri* L.	Euphorbiace ae	Peças aéreas	Filantina, Nirantina, Hipofilantina, Alcalóides, Lignas, Vitamina C, Quercetina, Astrogaln, Querscitrina, Rutina, Glucoflavona, Ácido Linoleico, Ácido Linolénico, Cumarinas, Taninos e Polifenóis, Ácido Gálico, Ácido Elágico, Brevifolina, Ácido Carboxílico, Etil brevifolina, Carboxilato, metil brevifolina, carboxilato, Lizuka, Geraniina, Corilagina Filantusina D amariina, Ácido amariínico, Elaeocarpusina, ácido geraniínico B, ácido repandusínico, , Amarulona, Furosina, 1,6-digaloil glucopiranosídeo, catequina, Epicatequina, galocatequina, epigalocatequina, epicatequina *3-O-galato*, epigalocatequina *3-O-galato*.	Acetaminofeno, D-galactosamina, Paracetomol.	Iqbal et al, 2007, Venkateswaran et al., 1987, Bhattacharjee e Sil 2006.
153	*Phyllanthus urinaria* L.	Euphorbiace ae	Plantas inteiras	Evofolin B, 4-oxopinoresinol -Siringaresinol, Glochidiol, Ácido oleanólico, Cleistantol , Spruceanol, cloven-2b,9a-diol, (6R)-ácido mentofólico, b-sitosterol, ácido estigmasta-5,22-dieno-3,25-diol (þ)-cucúbrico, (þ)-cucurbato de metilo, éster trimetil do	Acetaminofeno	Hau et al, 2009

				ácido metil-ehidrochebúlico, ácido ferúlico , P-hidroxibenzaldeído, ácido 3,5-di-hidroxi-4-metoxibenzóico		
154	*Petroselinum crispum* (Mill.)	Umbelíferas	Folhas	Alcalóides, hidratos de carbono, compostos fenólicos, taninos, flavonóides, proteínas e aminoácidos e saponinas.	Ccl4	Al-Howiriny et al., 2003
155	*Pergularia daemia* Forsk.	Asclepiadác eas	Parte aérea	Cardenolídeos, alcalóides, saponinas e compostos esteroidais, óleo fixo, óleo volátil, resina, alcaloide , triterpenóide , Carissol , ácido carísico e ácido ursólico	Ccl4	Suresh kumar e Mishra, 2006
156	*Physalis peruviana* L. (Manathakali)	Solanáceas	Planta inteira	Estigmasterol, Lanosterol, β-Sitosterol, 5 Avenasterol, 7-Avenasterol, α-Tocoferol β-Tocoferol , γ-Tocoferol δ-Tocoferol	Acetaminofeno,cc l4	Chang et al, 2008
157	*Picrorrhiza rhizoma* Benth.	Scrophularia ceae	Planta inteira	Glicosídeos, esteróis e compostos fenólicos	Poloxâmero (PX)- 407	Lee et al, 2006
158	*Piper chaba* Trel. & Yunck.	Piperaceae	Amida constituint es de Fruta	Lignana, Alcalóides como a piperamina 2,4-decadienóico Ácido, piperidida, kusunokinina e pelitorina. Alcamidas Piperina, Sylvatine, Piplartine e Piperlonguminine e b-sitosterol. Chabamide, Óxido de cariofileno, hidrocarbonetos monoterpénicos, Sesquiterpenos, hidrocarbonetos alifáticos.	D-galactosamina	Matsuda et al., 2009
159	*Pittosporum neelgherrense*	Pittosporace ae	Casca do caule	Quercetina-3, 4'-O-di-betaglucopiranosídeo,	CCl4 D- galactosamina	Shyamal et al., 2006

				Ramósido de miricetina, Quercetina, ramnósido, giberelina, Giberelina.	Acetaminofeno	
160	*Plantago major* L.	Plantagináce as	Sementes	Fenóis totais, flavonóides e taninos	Ccl4	Atta et al, 2006
161	*Platycodon grandiflorus* A. DC.	Campanulác eas	Saponinas derivado de Root	Saponinas esteroidais, flavonóides, poliacetilenos, esteróis, fenólicos e outros compostos bioactivos.	Ccl4	Lee et al, 2008
162	*Polyalthia longifolia* Var. Pendula.	Anonáceas	Folhas	Alcalóides, compostos fenólicos e taninos, flavonóides, hidratos de carbono e açúcar	Diclofenac	Tanna et al, 2009
163	*Potentilla chinensis*	Rosaceae P. chinensis Ser	Planta inteira	Ácido tormentoso	D-galactosamina	Lin et al., 2014
164	*Praeparatum mungo*		Fermentad o produto	Óleos essenciais, Saponinas, Carotenóides, Lectinas, Vitaminas, Fibras e ácidos gordos	Ccl4	Kuo et al, 2010
165	*Pterocarpus marsupium* Roxb.	Papilionácea s	Casca do caule	Proteína, Pentosana, Mucilagem, Pterosupina, Pseudobaptigenina, Liquiritigenina, Garbanzol, Beta-cudesmol, Pterostil-beno, Marsupol, Carpusina, Proterol, Marrsupinol, Parsupin, Oleanólico, Taninos e Ácido Ksinotânico, Quercetina, Kaempferol, Epicatequina e Rutina, Fitol, 1H-Indeno, 1-etilideno-octahidro-7 a-metil-, (1E,3a.alfa.,7a.beta.), 2H-1-benzopirano, 6,7-dimetoxi-2,2-dimetil, inositol, 1-deoxi, 2-metoxi-4-vinilfenol, 2-metoxi-3-2-propenilfenol-, 2-etilacridina, delta-selineno e ácidos gordos	Ccl4	Krishna et al., 2005, Mankani et al., 2005

166	*Punica granatum* Linn. (Maathulai)	Punicáceas	Planta inteira	Triterpenóides, Esteróides, glicosídeos, saponinas, alcalóides, flavonóides, taninos, hidratos de carbono e vitamina C.	Ccl4	Celik et al, 2009
167	*Paederia scandens* Merr	Rubiáceas	Folhas, raízes, frutos	Glicosídeos Iridóides, Asperulosídeo, Paederosídeo, Paederosídeo e Scandosídeo, Sistostrol, Stigmasterol, Campesterol, Ácido Erosólico Hentriacontano, Ácido Palmítico, Alkoloides, Ácido Cáprico, Láurico, Linalol.	Carbontetracloreto	Borhan et al.,2011
168	*Plumbago zeylanica*	Plumbaginaceae		Volátil, Chitranona, Alfa e Beta amirina, Lupeol, Taraxasterol, Frutose, Glicose, Ivertase, Protease, Cloroplumbagina, Droserona, Eliptinona, Zeylanona, Zeylinona, Meritona, Catecol, Tanino, Aminoácidos, Ácido plumbágico.	Paracetomol	Kavita et al., 2011
169	*Physalis minima*	Solanáceas	Planta inteira	Alcalóides, antraquinonas, flavonóides, glicosídeos cardíacos, fenóis, quinonas, açúcares redutores, saponinas, esteróides, amido, taninos e terpenóides	Paracetomol	Pratheeba et al., 2014
170	*Picrorhiza kurroa*	Scrophulariaceae,	Rizoma	Alcalóides, Flavonóides, Proteínas Aminoácidos e esteróis, triterpenos, cucurbitacina, glicosídeos, saponinas, taninos e hidratos de carbono, picrosídeo I, picrosídeo II, kutkosídeos.	D-galactosamina, Isoniazida e Rifampicina	Anandan e Devaki 1999, Jeyakumar et al., 2008
171	*Pterocarpus santalinus*	Fabácea	Planta inteira	Ecdisterona, Achyranthine Betaína, Pentatriaontano, 6-pentatriacontanona, Hexatriacontano e tritriacontano.	D-galactosamina	Palanisamy et al.,2007
172	*Pseudarthria*	Fabácea	Raízes	Leucopelargonidina	Paracetomol	Adil Nafar et

						al.,2012
	viscida					
173	*Phyllanthus emblica* (Perunelli) perunellilpp	Euphorbiace ae	Planta inteira	Proteínas, gorduras, fibras, carbohidratos, vitamina C, ácido nicotínico, taninos, ácido gálico, ácido elágico, flavina e glicose, ácido linolénico, ácido oleico.	Paracetomol	Vidhya Mala e Mary Mettilda Bai, 2009
174	*Piper nigrum* (Milagu)	Piperaceae	Planta inteira	α-terpineol, acetofenona, hexonal, nerol, nerolidol, 1, 8 - cineol, di-hidrocarveol, citral, α-pineno, piperolnol	Tioacetamida	Dinakar et al.,2010
175	*Prostechea michuacana*	Orquidáceas	Flor	Flavonóides; éter 6-metil da escutelareína, diidroquercetina, apigenina 7-O-glicosídeo e apigenina-7-neohesperidosídeo, flavonol glicosídeo, apigenina-6-O-β-D-glucopiranosil-3-O-α-L-rhamnopiranosídeo.	Carbontetracloret o	Rosa e Rosário, 2009
176	*Polygala arvensis* Willd	Polygalaceae	Folha	Fenóis, Polifenóis, taninos, alcalóides, flavonóides, terpenóides, dodecano, nonadecano, 2-metil, ácido hexadecanóico, mirceno, Erucilamida, ácido 9, 12 octadcadienólico, éster O-metil do ácido mandélico (3%) e esparteína.	D-galactosamina	Dhanabal *et al.,* 2004
177	*Quercus aliena* Blum.	Fagaceae	Planta inteira	Taninos, polifenóis, ácido abscísico e ácido indoleacético.	Ccl4	Jin et al, 2005
178	*Rhoicissus tridentate* Selvagem.	Vitaceae	Raiz	Fenóis, alcalóides, flavonóides, taninos e saponinas.	Ccl4	Opoku et al, 2007
179	*Rheum emodi* Parede (Reval senni)	Polygonacea e	Plantas inteiras	Antraquinonas, antronas, estilbenos, éteres de oxantrona e ésteres, flavonóides, lignanos, fenóis, hidratos de carbono e	Ccl4	Munir Tahir et al.,2008

			Ácido oxálico. As antraquinonas incluem Rhein, Chrysophanol, Aloe-emodin, Emodin, Physcion (emodin éter monometílico), crisofaneína e glicosídeo de emodina. O estilbeno inclui o picetanol, o resveratrol e os seus glicosídeos.		
180	*Rubia cordifolia* Linn	Rubiáceas	Raízes	Alcalóides, Antraquinona, Carbohidratos, Cumarinas, Flavonóides, Glicosídeos, Fenóis, Flobataninos, Proteínas, Quininas, Açúcar Redutor, Resinas, Saponinas, Esteróides/Terpenóides, Taninos.	Acetaminofeno	Gilani e Janbaz 1995
181	*Rhodococcum vitis* Idaea Linn	Ericaceae	Folhas	Amyrin, Acetato, Mistura de amirinas, β-sitosterol, Escopotetina, Iridóides, Isoplumericina, Plumierida, Coumerato de Plumierida, Plumieride, Coumerate Glucoside.	D-galactosamina	Aniya, 2004
182	*Ricinus communis* (Aamanakku)	Euphorbiaceae	Folhas	Esteróides, saponinas, alcalóides, flavonóides e glicosídeos. **Folhas secas** Alcalóides, Ricinina e N-demetilricinina, Flavonas glicosídicas, Kaempferol-3-O Kaempferol-3-O-β-D-Glucopyranoside, Quercetina Xilopiranosídeo, Quercetina-3-O-β-D-Glucopiranosídeo, Kaempferol, O-β-rutinosídeo, Quercetina-3-O-β-Monoterpenóides, Ácido gálico, quercetina, gentísico	Ccl4	Ravishanker et al., 2012

			ácido, rutina, epicatequina, ácido elágico, Ácido indole-3-acético, Ricinoleico, isoricinoleico, esteárico e ácidos di-hidroxiesteárico, bem como lipases e aricinina		
183	*Rosmarinus officinalis* L.	Lamiaceae	Folhas	P-Cimeno e *γ-terpineno*. Tomilho óleo de timol e 10% - 56% de p-cimeno. onoterpenos: 1,8-cineol, cânfora, *α-pineno*,	Azatioprina	Amin e Hamza, 2005
184	*Salvia officinalis* L.	Lamiaceae	Folhas	Tujona , Cineol, viridiflorolα , -Pineno, Cariofilenoα , Pineno ,β - Tujona, cânfora, Borneolβ ,	Azatioprina	Amin e Hamza, 2005
185	*Saururus chinensis*	Saururaceae	Planta inteira	Isoflavonas, saponinas, fitoesteróis e fenóis,	Ccl4	Lishu et al., 2009
186	*Spondias pinnata*	Anacardiaceae	Madeira de coração de caule	Flavonóides, taninos, saponinas e terpenóides. Óleo essencial da polpa produziram ácidos carboxílicos e ésteres, álcoois, hidrocarbonetos aromáticos. 9, 12, 15-octadecatrien-1-ol, ácido hexadecanóico, Furfural, 24-metileno cicloartanona, estigma-4en-3ona, ácido lignocérico, β-sitosterol e respetivo β-D-glucósido, ß-amirina, ácido oleanólico, glicina, cistina, serina, Alanina e Leucina. Ácido lignocérico, ß-Sitosterol, glucósido.	Ccl4	Ganga rao et al., 2010
187	*Sarcostemma brevistigma*	Asclepiadáceas	Caule	Bergenin, Brevine, Brevinine, Sarcogenina, Sarcobiose e Flavonóides	Ccl4	Dwijendra et al.,2003

188	*Schouwia thebica*	Arecaceae	Peças aéreas	Taninos, Saponinas, Esteróis, Triterpenos, Alcalóides, Antraquinonas, Flavonóides, Lactonas/ésteres, Proteínas, Aminoácidos e Hidratos de Carbono, Glicosídeos	Ccl4	Atta et al.,2006
189	*Scoparia dulcis*	Scrophulariaceae	Planta inteira	Alcalóides, flavonóides, fenóis, terpenóides, taninos e saponinas	Ccl4	Tsai et al.,2010
190	*Sida acuta* Burm. F.	Malvaceae	Raiz	Alcalóides, esteróides, glicosídeos, aminoácidos, Proteínas, saponinas, flavonas, antocianinas e compostos fenólicos.	Acetaminofeno	Sreedevi et al., 2009
191	*Sophora flavescens* Aiton.	Leguminosas	Matrine	Alcalóides de Quinolizidina, Flavonóides, Benzofuranos, e Triterpenóides	Acetaminofeno	Xu-ying et al., 2009
192	*Strychnos potatorum* Linn.	Loganiaceae	Semente	Norharmane, Akuammidina, Nor-C-fluroiocuraína, Ocrolifuanina, Bis nor Di-hidrotoxiferina, 11-metoxi-henningsamina, 11-metoxi-12 hidroxidiabolina e 11-Metoxidiabolina	Ccl4	Sanmugapriya e Venkataraman, 2006
193	*Syzygium cumini* L.	Myrtaceae	Folhas	Friedelina, Kaempferol, Taninos, Quercetina, Bita-Sitosterol, Ácido Betulínico. Ácido antociânico, Eugin, Ácido elágico, Ácido oxálico, Ácido cítrico, Ácido glicólico, Glicose, Frutose, Ácido gálico, Glicina, Alanina, Leucina, Tirosina	Ccl4	Moresco et al., 2007
194	*Silybum marianum*	Compositae	Peças aéreas	Silibina, silidianina	D-galactosamina	Hagymasi et al.,2002
195	*Solanum nigrum*	Solanáceas	Frutos,	Componentes esteroidais, Withanolides,	Tioacetamida,	Hsieh *et al.,*

	(Manathakkali)		folhas	Flavonóides, Terpenóides	Carbontetracloreto	2008, Subash 2011.
196	*Sesbania grandiflora* L.	Fabáceas	Planta inteira	Esteróis, saponinas e taninos	Tiocetamida e Ranitidina	Ramakrishna et al., 2012,
197	*Swertia chirata*	Gentianaceae	Plantas inteiras	Hidratos de carbono, glicosídeos, alcalóides, fenóis, flavonóides e taninos.	Galactosamina, Paracetomol	Karan et al., 1999
198	*Sargassum polycystum*	Phaeophyceae	Plantas inteiras	Esteróides, terpenóides, alcalóides, compostos fenólicos, saponinas, taninos, flavonóides, glicosídeos cardíacos, antraquinona e esterol	D-galactosamina	Meena *et al.,* 2008
199	*Schisandra chinensis*	Schisandraceae	Folhas	Lignanos, esquizandrina, desoxisquizandrina.	D-galactosamina	Kang et al., 2012
200	*Spermacoce hispida*	Rubiáceas	Semente	Borrelina, β-sitosterol, ácido ursólico e isorhamntin	Ccl4	Pattanayak e Nayak, 2011.
201	*Santolina chamaecyparissus* (Sevvanthi poo)	Asteraceae	Flores	Fenóis e flavonóides	D-galactosamina	Ravikumar *et al.* (2005)
202	*Sesbania sesban* Mers	Fabáceas	Folha, casca, semente	Alcalóides, hidratos de carbono, proteínas, fitosteróis, flavonóides, óleo fixo, colesterol, campesterol, galactomanano, D-galactopiranosídeo.	Tioacetamida	Ramakrishna et al.,2012
203	*Taraxacum officinale*	Asteraceae	Raiz	Alcalóides, taninos, flavonóides e fenólicos compostos	Ccl4.	Domitrovic et al., 2010, Gulfraz et al.,2014

204	*Terminalia arjuna* Roxb	Combretáceas	Casca	Bita-sitosterol, ácido arjúnico, friedeno, glucósido, taninos, açúcares, sódio, magnésio, alumínio, carbonato de cálcio.	Ccl4	Manna et al, 2006
205	*Terminalia catappa* L. (Combretaceae)	Combretáceas	Folhas	Taninos, açúcares, sódio, magnésio, alumínio, carbonato de cálcio.	Ccl4	Gao et al, 2004
206	*Thunbergia laurifolia* Linn.	Acantáceas	Folhas, parte aérea	Glucósidos de álcool benzílico , Glucósido de iridóide , Dois glucósidos de álcoois alifáticos e dois flavonóides C-glucósidos	Etanol	Pramyothin et al., 2005
207	*Trichosanthes cucumerina* L.	Cucurbitáceas	Planta inteira	Cucurbitacina B, Cucurbitacina E, Isocucurbitacina B, 23,24-Dihidroisocurbitacina B, 23,24-Dihidrocucurbitacina E, Esteróis 2 *β-sitosterol* Estigmasterol	Ccl4	Sathesh Kumar et al, 2009
208	*Tephrosia purpurea* L	Fabáceas	Partes aéreas, raiz, folhas	Flavonóides, alcalóides, hidratos de carbono, taninos e fenóis, gomas e mucilagens, óleos fixos e gorduras e saponinas, tefrosim, quercetina e lípidos	Paracetomol, D-galactosamina	Dwivedi et al., 2015, Sree Ramamurthy e Srinivasan 1993
209	*Tecomella undulate*	Bignoniaceae	Caule, casca	Alcalóides, esteróides, óleo volátil, gordura, tanino, hidratos de carbono, saponina e flavonóides	Álcool e Paracetomol	Singh e Gupta (2011)
210	*Tylophora indica*	Asclepiadáceas	Pó de folhas	Saponinas, flavonóides, alcalóides, quinonas, glicosídeos cardíacos, terpenóides, cumarinas, esteróides e fitoesteróides	Tetracloreto de carbono	Mujeeb et al., 2009
211	*Trianthema decandra*	Aizoaceae	Folhas	Saponinas, Açúcares redutores, Flavonóides, Terpenóides	Tetracloreto de carbono	Sengottuvelu et al., 2008

212	*Tinospora cordifolia* (Seenthil kodi)	Mennispermáceas	Planta inteira	Tinosporina	Carbontetracloreto	Kavitha et al.,2011
213	*Tridax procubens linhas* (Vettukaaya poondu)	Asterraceae	Folhas	Esteróides, saponinas, cumarinas, alcalóides, aminoácidos, diterpenos, fenóis e Flavonóides enquanto taninos, antocianinas, emodinas, proteínas, fitosteróis, flobataninos,	D-galactosamina	Thiruvengadam *et al.,* 2005
214	*Trigonella foenum-graecum* (Venthayam)	Fabáceas	Folhas, sementes	Fibras, flavonóides, polissacáridos, saponinas, flavonóides e polissacáridos óleos fixos alcalóides	Deltametrina	Tripathi et al., 2014
215	*Vernónia amygdalina* Delile.	Astereaceae	Folhas	Alcalóides, flavonóides, glicosídeos, saponinas, taninos, fenóis, β-carotenóides, glicosídeos cianogénicos e esteróides	Ccl4	Adesanoye e Farombi, 2010
216	*Vitis vinifera* L. (Thirachai)	Vitaceae	Folhas	Ácidos fenólicos, flavonóides, antocianinas, proantocianidinas, açúcares, esteróis, aminoácidos e minerais.	Ccl4	Orhan et al, 2007
217	*Vigna unguiculata* Walp (Karamani em tamil)	Fabáceas	Sementes	Caroteno, tiamina. Riboflavina, niacina, ácido fólico, vitamina C, inibidores da tripsina como A2a, A2b, A2c, A2d, A2e; fitohemaglutinina, α-cedreno, 1,8-cineol, hexanal, limoneno, nonanal, α-pineno e β-pinano.	Acetaminofeno	Solanki et al., 2011
218	*Vitex trifolia* (Moovilai nochi)	Verbenáceas	Folhas	Alcalóides, Saponinas, Taninos, Fenóis, Terpenóides, Flavonóides, Esteróides,	Ccl4	Ramasamy et al., 2009
219	*Wedelia calendulacea*	Asteraceae	Planta inteira	Flavonóides, Wedelolactona	D-galactosamina	Linn et al., 1994 e Manjamalai et al., 2011
220	*Wrightia tinctoria*	Apocináceas	Folhas	β-amirina, Lupeol, β-sitosterol,	D-galactosamina	Dixit *et al.,*

	(Vetpaalai)			Estigmasterol, Campesterol e um Triterpenóide, Flavonoide, Esteróides, Alcalóides e Fenólicos.	2015
221	*Xylopia aethiopica*	Anonáceas	Fruta	Os mono e sesquiterpenos, *a-pineno*, mirceno, *p-cimeno*, limoneno, linalol, terpinen-4-ol, R-terpineol e 1,8-cineol são os mais predominantes.	Paracetomol	Nadia et al.,2013
222	*Woodfordia fruticosa* Kurz	Lythraceae	Flores	Malvidina, Pentose, Glicosídeos, Quercetina, Kaempferol-3-Glicosídeo, Hecogenina, Caroteno, Hidratos de carbono, Insulina, 3 manitol, Lawsone, Ácido aspártico, Proteína, Riboflavina, Ácido cítrico, Punicalina, Estrona.	Ccl4	Baravalia et al., 2011
223	*Zanthoxylum armatum* DC.	Rutáceas	Casca	Nitidina, Dihidronitidina, Oxinitidina, FagaroninaDihidroavicina, queleritrinaihidroqueleritrina, metoxiceleritrina, norqueleritrina, oxiceleritrina, decarina e fagaridina), furoquinolinas, carbazóis, aporfinas, cantinonas, acridonas e amidas aromáticas e alifáticas.	Ccl4	Ranawat et al., 2010
224	*Zingiber officinale* Roscoe. (Inchi)	Zingiberacea e	Rizoma	Fibras, Proteínas, Amido, Hidratos de carbono, Resina, Glutamina, Thrionin, Aminoácido livre, Zingiberol, Zingiberina, Ácido glutâmico, Ácido aspártico.	Acetaminofeno	Ajith et al, 2007
225	*Ziziphus mauritiana* Lam. (Ilanthai)	Ramnaceae	Folhas, frutos, casca	Açúcares, Mucilagem	Ccl4	Dahiru et al., 2005

5.2. Medicamentos tradicionais à base de plantas

Por definição, a utilização "tradicional" de medicamentos à base de plantas implica uma utilização histórica substancial, o que é certamente verdade para muitos produtos que estão disponíveis como "medicamentos tradicionais à base de plantas". Em muitos países em desenvolvimento, uma grande parte da população depende dos médicos tradicionais e do seu arsenal de plantas medicinais para satisfazer as necessidades de cuidados de saúde. Embora a medicina moderna possa existir lado a lado com esta prática tradicional, os medicamentos à base de plantas mantiveram frequentemente a sua popularidade por razões históricas e culturais. Esses produtos tornaram-se mais amplamente disponíveis comercialmente, especialmente nos países desenvolvidos. Neste contexto moderno, os ingredientes são por vezes comercializados para utilizações que nunca foram contempladas nos sistemas de cura tradicionais de onde surgiram. Um exemplo é a utilização de efedra (= Ma huang) para perda de peso ou melhoria do desempenho atlético. Embora em alguns países os medicamentos à base de plantas estejam sujeitos a normas de fabrico rigorosas, o mesmo não acontece em todo o lado. Na Alemanha, por exemplo, onde os produtos à base de plantas são vendidos como "fitomedicamentos", estão sujeitos aos mesmos critérios de eficácia, segurança e qualidade que os outros medicamentos. Nos EUA, pelo contrário, a maioria dos produtos à base de plantas no mercado são comercializados e regulamentados como suplementos alimentares, uma categoria de produtos que não exige a pré-aprovação dos produtos com base em nenhum destes critérios.

5.2.1. Medicina tradicional

Isto inclui diversas práticas de saúde, abordagens, conhecimentos e crenças que incorporam medicamentos à base de plantas, animais e/ou minerais, terapias espirituais, técnicas manuais e exercícios aplicados singularmente ou em combinação para manter o bem-estar, bem como para tratar, diagnosticar ou prevenir doenças.

5.2.2. O papel dos medicamentos à base de plantas na cura tradicional

O tratamento farmacológico das doenças começou há muito tempo com a utilização de ervas. Os métodos de cura popular em todo o mundo utilizavam habitualmente ervas como parte da sua tradição. Algumas destas tradições são brevemente descritas abaixo, fornecendo alguns exemplos da variedade de práticas de cura importantes em todo o mundo que utilizavam ervas para este fim.

5.2.3. Medicina tradicional chinesa

A medicina tradicional chinesa tem sido utilizada pelos chineses desde tempos remotos. Embora tenham sido utilizados materiais animais e minerais, a principal fonte de remédios é botânica. Dos mais de 12 000 artigos utilizados pelos curandeiros tradicionais, cerca de 500 são de uso corrente. Os produtos botânicos só são utilizados após algum tipo de transformação, que pode incluir, por exemplo, a fritura ou a imersão em vinagre ou vinho. Na prática clínica, o diagnóstico tradicional pode ser seguido da prescrição de um remédio complexo e muitas vezes individualizado.

A medicina tradicional chinesa continua a ser muito utilizada na China. Mais de metade da população utiliza regularmente remédios tradicionais, com a maior prevalência de utilização nas zonas rurais. Estão disponíveis na China cerca de 5000 remédios tradicionais, que representam aproximadamente um quinto de todo o mercado farmacêutico chinês.

5.2.4. Medicina tradicional japonesa

Muitos remédios à base de ervas encontraram o seu caminho da China para os sistemas japoneses de cura tradicional. As ervas nativas do Japão foram classificadas na primeira farmacopeia da medicina tradicional japonesa no século IX.

5.2.5. Medicina tradicional indiana

A Ayurveda é um sistema médico praticado principalmente na Índia e conhecido há cerca de 5000 anos. Inclui dieta e remédios à base de plantas, ao mesmo tempo que dá ênfase ao corpo, à mente e ao espírito na prevenção e tratamento de doenças.

5.3. Plantas medicinais como parte da cultura

É evidente que o povo indiano tem uma enorme paixão pelas plantas medicinais e utiliza-as para uma vasta gama de aplicações relacionadas com a saúde, desde uma constipação comum até à melhoria da memória
e tratamento de mordeduras de cobras venenosas até à cura da distrofia muscular e ao aumento da imunidade geral do corpo. Nas tradições orais, as comunidades locais em todos os ecossistemas, desde os trans himalaias até às planícies costeiras, descobriram as utilizações medicinais de milhares de plantas encontradas localmente no seu ecossistema. A Índia tem uma das culturas fitoterápicas mais ricas do mundo. Trata-se de uma cultura de enorme relevância atual, pois pode, por um lado, garantir a segurança sanitária de milhões de pessoas

e, por outro, fornecer novos e seguros medicamentos à base de plantas a todo o mundo. Estima-se que existam cerca de 25000 fórmulas eficazes à base de plantas utilizadas na medicina popular e conhecidas pelas comunidades rurais de toda a Índia e cerca de 10000 fórmulas concebidas estão disponíveis nos textos médicos indígenas.

5.4. Distribuição das plantas medicinais

A análise macro da distribuição das plantas medicinais mostra que estas se distribuem por diversos habitats e elementos da paisagem. Cerca de 70% das plantas medicinais da Índia encontram-se em zonas tropicais, principalmente nos vários tipos de floresta espalhados pelos ghats ocidentais e orientais, os Vindhyas, o planalto de Chotta Nagpur, os Aravalis e os Himalaias. Embora menos de 30% das plantas medicinais se encontrem nas zonas temperadas e alpinas e em altitudes mais elevadas, incluem espécies de elevado valor medicinal. Estudos macroeconómicos mostram que uma maior percentagem das plantas medicinais conhecidas ocorre na vegetação seca e mais caducifólia, em comparação com os habitats verdes ou temperados. As análises dos hábitos das plantas medicinais indicam que estas estão distribuídas por vários habitats. Um terço é constituído por árvores e uma parte igual por arbustos e o terço restante por ervas, gramíneas e trepadeiras. Uma proporção muito pequena das plantas medicinais é constituída por plantas inferiores como líquenes, fetos, algas, etc. A maioria das plantas medicinais são plantas com flores superiores (**Figura 5.3**).

Das 386 famílias e 2200 géneros em que se registam plantas medicinais, as famílias Asteraceae, Euphorbiacae, Laminaceae, Fabaceae, Rubiaceae, Poaceae, Acanthaceae, Rosaceae e Apiaceae apresentam a maior proporção de espécies de plantas medicinais, com o maior número de espécies (419) pertencentes a Asteraceae (**Figura 5.4**)

Cerca de 90% das plantas medicinais utilizadas pelas indústrias são colhidas no meio natural. Enquanto mais de 800 espécies são utilizadas na produção pela indústria, menos de 20 espécies de plantas são cultivadas comercialmente. Mais de 70% das recolhas de plantas envolvem uma colheita destrutiva devido à utilização de partes como raízes, casca, madeira, caule e a planta inteira no caso das ervas (**Figura 5.5**). Este facto constitui uma ameaça definitiva para as reservas genéticas e para a diversidade das plantas medicinais se a biodiversidade não for utilizada de forma sustentável.

5.5. Drogas brutas e fitoquímicos

Os medicamentos brutos são geralmente as partes secas das plantas medicinais (raízes, madeira do caule, casca, folhas, flores, sementes, frutos e plantas inteiras, etc.) que constituem as matérias-primas essenciais para a produção de remédios tradicionais da Ayurveda, Siddha, Unani, Homeopatia, Tibete e outros sistemas de medicina, incluindo os medicamentos populares, étnicos ou tribais. As drogas brutas são também utilizadas para obter constituintes químicos terapeuticamente activos através de métodos especializados de extração, isolamento, fracionamento e purificação e são utilizadas como fitoquímicos para a produção de medicamentos alopáticos modernos ou de medicamentos à base de plantas/fitofármacos. **As figuras 5.6 e 5.7 mostram** várias utilizações das plantas medicinais.

5.6. Base de recursos de plantas medicinais

As plantas medicinais são um recurso vivo, esgotável se for utilizado em excesso e sustentável se for utilizado com cuidado e sabedoria. Atualmente, 95% das plantas medicinais são colhidas na natureza. As práticas actuais de
A colheita de plantas medicinais é insustentável e muitos estudos sublinharam o esgotamento da base de recursos. As indústrias baseadas em plantas medicinais, embora antigas e vastas, continuam a ser geridas com base em etos e práticas tradicionais e carecem de uma imagem proactiva e socialmente responsável. Muitos estudos confirmaram que as empresas farmacêuticas são também responsáveis por uma comercialização ineficaz, imperfeita, informal e oportunista das plantas medicinais. Consequentemente, a situação do abastecimento de matérias-primas é instável, insustentável e exploradora. Existe um comércio vasto, secreto e em grande parte não regulamentado de plantas medicinais, principalmente de plantas selvagens, que continua a crescer dramaticamente na ausência de uma atenção política séria ao planeamento ambiental. Também existe confusão na identificação de materiais vegetais, em que a origem de uma determinada droga é atribuída a mais do que uma planta, por vezes com características morfológicas e taxonómicas muito diferentes. Há outros casos em que a identidade das fontes vegetais é duvidosa ou ainda desconhecida, pelo que a adulteração é comum. Nestes casos, a verdadeira fonte da droga em bruto só pode ser localizada após estudos químicos e farmacológicos pormenorizados. A investigação química pormenorizada de Bacopa monnieri e Centella asiatica, as duas plantas descritas de forma variada com o nome "Brahmi", revelou uma composição fitoquímica totalmente diferente. A primeira contém alcalóides brahrnina, herpestina, ácido gama-amino-butírico e bacosídeo A e B, que se verificou terem uma ação importante na função cerebral, enquanto a Centella

asiatica contém asiaticosídeo, brahmosídeo, hidrocotilina, etc., que dificilmente têm uma relação comum com as propriedades atribuídas à droga "Brahmi" no texto.

A qualidade das plantas medicinais depende da origem geográfica, do momento e da fase de crescimento em que a recolha foi efectuada e do tratamento pós-colheita. Na maioria dos casos, as colheitas são feitas por aldeões tribais que residem nas proximidades da floresta no seu tempo livre.

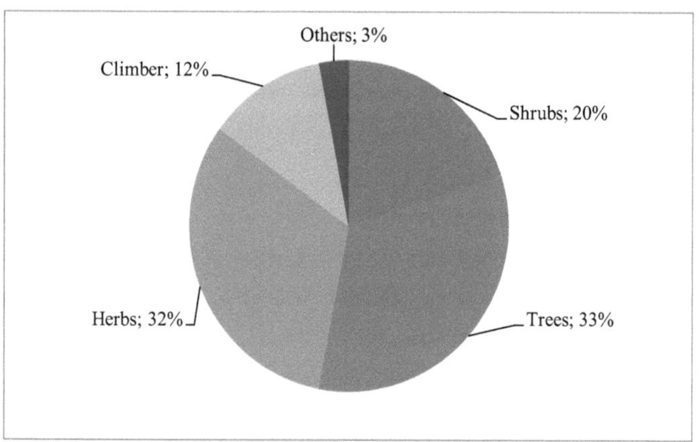

Figura 5.3. Distribuição das plantas medicinais por hábitos

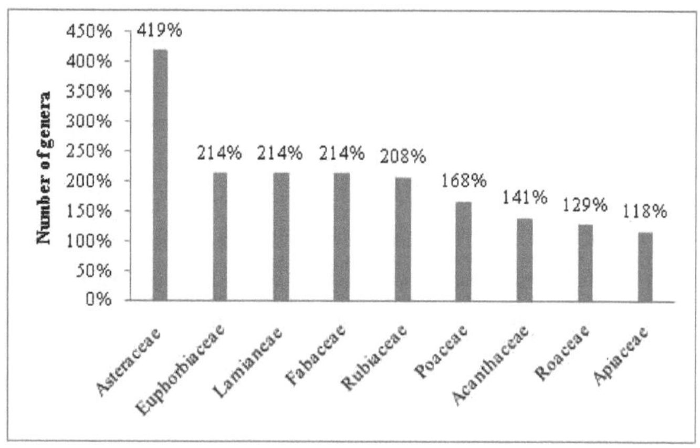

Figura 5.4. Distribuição das plantas medicinais por famílias

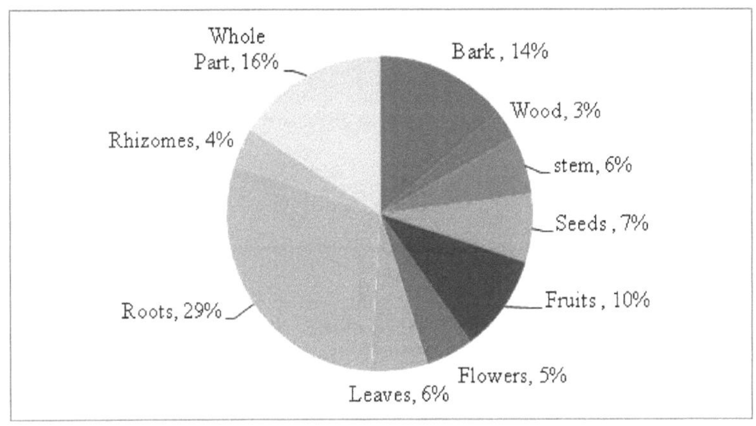

Figura 5.5. Repartição das plantas medicinais pelas suas partes utilizadas

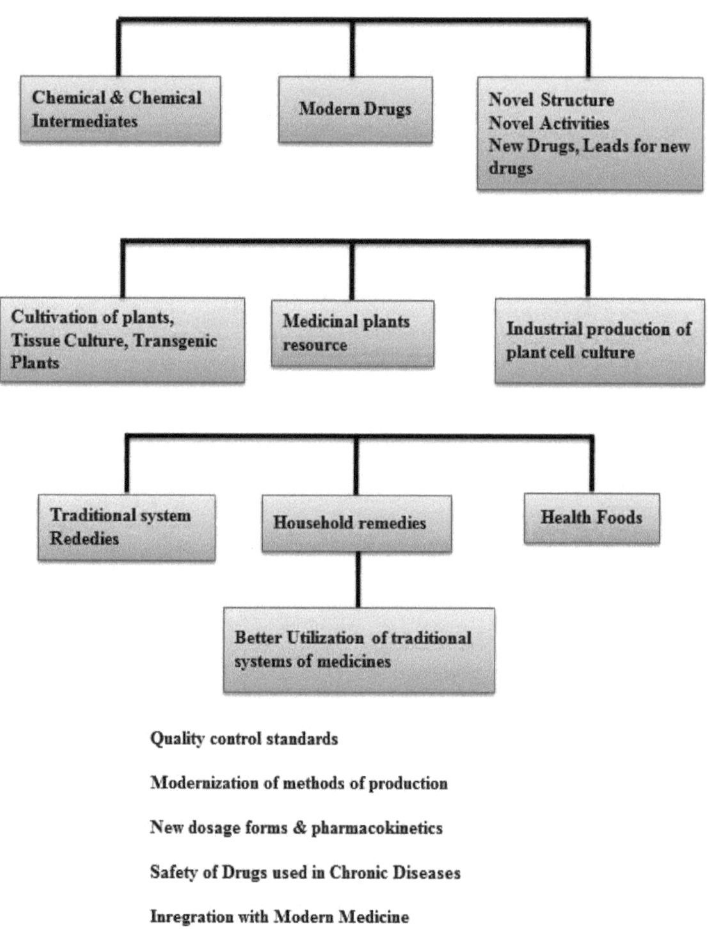

Figura 5.6. Medicamentos de origem vegetal

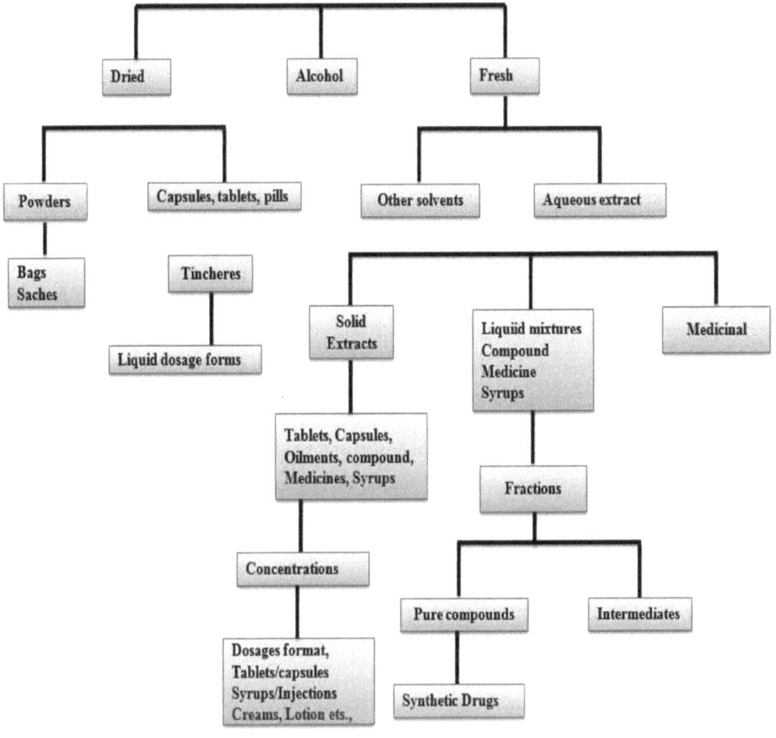

Figura 5.7. Partes/todo de plantas medicinais

A parte vegetal é recolhida sem se prestar atenção ao estado de maturação, seca ao acaso e armazenada durante longos períodos em condições inadequadas. A qualidade do material recolhido, enquanto tal, é frequentemente degradada. O comércio de plantas medicinais na Índia, a todos os níveis, é marcado pelo secretismo e pela opacidade da atividade. O comerciante encara o inquérito comum com desconfiança. Tem havido poucas tentativas de regulamentação externa por parte do governo e de autorregulação por parte dos comerciantes e das empresas de medicamentos à base de plantas. No entanto, é do interesse da indústria desenvolver um "contrato social" a longo prazo com os colectores ou produtores e compradores. A recolha de produtos florestais não lenhosos (PFNM), que inclui a maior parte das plantas medicinais, é um modo de vida das comunidades tribais e rurais na floresta e em torno dela. Uma vez que os preços pagos aos colectores tendem a ser muito baixos, estes "minam" frequentemente os recursos naturais, pois o seu principal objetivo é gerar rendimentos. Um fator crítico na colheita selvagem é a disponibilidade de mão de obra barata para realizar o trabalho muito intensivo de recolha. Dado que, em muitos casos, o rendimento proveniente dessas fontes representa a única forma de emprego remunerado para as populações rurais e tribais, existe uma grande vontade de efetuar esse trabalho.

Várias plantas medicinais foram consideradas em perigo de extinção, vulneráveis e ameaçadas devido à colheita excessiva ou inábil na natureza. A destruição do habitat, sob a forma de desflorestação, constitui um perigo acrescido. O Governo da Índia incluiu 29 espécies na lista negativa de exportação que se considera estarem ameaçadas no seu meio natural. (Ver anexo - III) A outra fonte principal de plantas medicinais é o cultivo. O material cultivado é infinitamente mais adequado para ser utilizado na produção de medicamentos. Com efeito, a normalização, quer se trate de produtos puros, de extractos ou de medicamentos em bruto, é fundamental e torna-se cada vez mais importante, uma vez que os requisitos de qualidade são cada vez mais rigorosos. Dado o custo mais elevado do material cultivado, o cultivo é frequentemente efectuado sob contrato. Na maioria dos casos, as empresas cultivam apenas as espécies vegetais que utilizam em grande quantidade ou na produção de derivados e isolados, para os quais a normalização é essencial e a qualidade é crítica. Mais recentemente, os produtores criaram cooperativas ou empresas de colaboração numa tentativa de melhorar o seu poder de negociação e conseguir preços mais elevados. Alguns dos constrangimentos associados à transformação de plantas medicinais que podem resultar na redução da sua competitividade nos mercados globais e que têm de ser remediados são

Práticas agrícolas incorrectas

- ➢ Práticas deficientes de colheita (indiscriminada) e de tratamento pós-colheita
- ➢ Falta de investigação sobre o desenvolvimento de variedades de alto rendimento, domesticação, etc.
- ➢ Métodos de propagação deficientes
- ➢ Técnicas de transformação ineficientes que conduzem a baixos rendimentos e a produtos de má qualidade
- ➢ Procedimentos de controlo de qualidade deficientes
- ➢ Elevadas perdas de energia devido ao processamento
- ➢ Falta de boas práticas de fabrico actuais
- ➢ Falta de I&D no desenvolvimento de produtos e processos
- ➢ Dificuldades de comercialização
- ➢ Falta de mercado local para os produtos primários transformados
- ➢ Falta de pessoal formado e de equipamento
- ➢ Falta de instalações para fabricar equipamento localmente
- ➢ Falta de acesso às tecnologias mais recentes e à informação sobre o mercado

O cultivo sistemático de muitas plantas medicinais requer práticas culturais e requisitos agronómicos específicos. Estes são específicos para cada espécie e dependem das condições do solo, da água e do clima. Por conseguinte, é necessário realizar trabalhos de investigação e desenvolvimento para formular boas práticas agrícolas que incluam a seleção e identificação adequadas, métodos de propagação, técnicas de cultivo, colheita, controlo gradual da qualidade da matéria-prima até à fase de transformação, tratamento pós-colheita, armazenamento e segurança. Estes aspectos têm de ser incorporados nos protocolos de cultivo de plantas medicinais. A agricultura biológica é outra prática que está a ganhar grande aceitação, uma vez que a procura mundial, especialmente nos países desenvolvidos, de culturas biológicas está a aumentar rapidamente. Os agricultores têm de ser formados em todos os aspectos da agricultura biológica de plantas medicinais, incluindo a obtenção de certificação por associações que fazem o controlo desde o cultivo até à colheita final. A agricultura biológica, que requer uma mão de obra intensiva, confere aos países em desenvolvimento a vantagem comparativa necessária para serem competitivos.

5.7. Óleos essenciais

Os óleos essenciais são isolados de materiais vegetais aromáticos através de vários processos/métodos de destilação. Por outro lado, outros isolados voláteis são obtidos por extração com solventes. As plantas aromáticas contêm compostos odoríferos, voláteis, hidrofóbicos e altamente concentrados denominados óleos essenciais. Estes são obtidos a partir de vários órgãos da planta, tais como flores, botões, sementes, folhas, ramos, casca, madeira, frutos e raízes. Os óleos essenciais são misturas complexas de metabolitos secundários constituídos por fenilpropenos e terpenos de baixo ponto de ebulição. Os óleos essenciais são utilizados numa grande variedade de bens de consumo, tais como detergentes, sabões, produtos de higiene, cosméticos, produtos farmacêuticos, perfumes, produtos alimentares de confeitaria, refrigerantes, bebidas alcoólicas destiladas (bebidas duras) e insecticidas. A produção e o consumo mundiais de óleos essenciais e perfumes estão a aumentar muito rapidamente. A tecnologia de produção é um elemento essencial para melhorar o rendimento global e a qualidade do óleo essencial. As tecnologias tradicionais relacionadas com o processamento de óleos essenciais são de grande importância e continuam a ser utilizadas em muitas partes do mundo. A destilação em água, a destilação em água e vapor, a destilação em vapor, a cohobação, a maceração e a eflorescência são os métodos mais tradicionais e mais utilizados. A maceração é adaptável quando o rendimento em óleo da destilação é fraco. Os métodos de destilação são bons para amêndoas em pó, pétalas de rosa e flores de rosa, enquanto a extração por solventes é adequada para materiais caros, delicados e termicamente instáveis, como o jasmim, a tuberosa e o jacinto. A destilação em água é o método mais utilizado para a produção de óleo de citronela a partir de material vegetal. Os óleos essenciais são geralmente derivados de uma ou mais partes de plantas, tais como flores (por exemplo, rosa, jasmim, cravo, cravinho, mimosa, alecrim, lavanda), folhas (por exemplo, hortelã, Ocimum spp, erva-cidreira, jamrosa), folhas e caules (por exemplo, gerânio, patchouli, petitgrain, verbena, canela), cascas (por exemplo, canela, cássia, canela), madeira (por exemplo, cedro, sândalo, pinheiro), raízes (por exemplo, angélica, sassafrás, vetiver, saussureia, valeriana), sementes (por exemplo, funcho, coentros, coentros), sementes (por exemplo, erva-doce, coentros, etc.), sementes (por exemplo, erva-doce, coentros, etc.).g funcho, coentros, cominhos, endro, noz-moscada), frutos (bergamota, laranja, limão, zimbro), rizomas (por exemplo, gengibre, cálamo, curcuma, orris) e gomas ou exsudações oleorresinosas (por exemplo, bálsamo do Peru, bálsamo de Tolu, estoraque, mirra, benjoim).

5.8. Contribuição para meios de subsistência sustentáveis

Estima-se que 50 000 a 70 000 espécies de plantas superiores - 1 em cada 6 de todas as espécies - são utilizadas na medicina tradicional e moderna em todo o mundo, e muitas mais espécies são importantes para o mercado crescente de cosméticos e outros produtos à base de plantas, representando de longe a maior utilização do mundo natural em termos de número de espécies. Atualmente, em muitos países em desenvolvimento e em transição

Nos países em desenvolvimento, estas espécies dão um contributo essencial para os cuidados de saúde, fornecendo o único medicamento eficaz para uma percentagem significativa da população, onde outras formas de medicação não estão disponíveis ou são inacessíveis. Estima-se que 80% da população em África e na Ásia dependem em grande medida destes medicamentos à base de plantas para as suas necessidades de cuidados de saúde, e a OMS (2008) calculou que, nas próximas décadas, uma percentagem semelhante da população mundial poderá vir a depender de medicamentos à base de plantas. Existe também um interesse na utilização de plantas aromáticas na alimentação animal, a fim de substituir a utilização de antibióticos e de ionóforo-anticoccidianos. Muitas plantas aromáticas são abundantes em todo o mundo, sendo muitas originárias da zona mediterrânica, quer em estado selvagem quer cultivadas (por exemplo, alecrim, orégãos, salva, timo, hortelã-pimenta e alho). Incluem substâncias químicas como os polifenóis, as quininas, os flavonóis/flavonóides, os alcalóides, os polipéptidos ou os seus derivados oxigenados substituídos. Várias destas substâncias podem funcionar em sinergia, pelo que a sua bioatividade é reforçada. Alguns compostos bioactivos indicam valor terapêutico, como as actividades antioxidante e anti-séptica. Consequentemente, as plantas aromáticas podem reduzir o risco de cancro ou

doenças cardiovasculares e podem encontrar aplicação como tratamentos na cura ou gestão de uma vasta gama de doenças, tais como doenças respiratórias e doenças estomacais ou inflamatórias.

5.9. Conservação dos recursos vegetais medicinais Conservação in situ

Será necessário, com base na compreensão de onde as plantas medicinais estão atualmente distribuídas, desenvolver novos programas para a sua conservação in situ e designar reservas genéticas específicas. Esta intervenção também se aplica às espécies de madeira, bem como aos parentes selvagens das culturas, e as actividades governamentais actuais relacionadas com as zonas protegidas podem ter de ser modificadas para acolher estas espécies. A implementação de um regime de gestão florestal conjunta nestas áreas poderia ser uma abordagem lógica a utilizar, dada a viabilidade das plantas medicinais para gerar rendimentos e reabilitar terras degradadas. Devido à sua posição de principais administradores dos recursos, as mulheres e os grupos tribais, em especial, devem ter algum controlo sobre estas terras. O projeto adotado deve englobar as iniciativas existentes introduzidas por organizações como FRLHT, Bangalore e UTTHAN, Allahabad, etc. Para além disso, estas áreas de conservação in situ deveriam servir várias funções, como a educação e a sensibilização, bem como a formação em métodos de colheita sustentáveis.

5.10. Conservação ex-situ

Várias plantas medicinais já estão ameaçadas, são raras ou estão em perigo. Além disso, o "princípio da precaução" aplica-se àquelas cujo estatuto é atualmente desconhecido e a segmentos de poços germinativos. Há uma necessidade imediata de consolidar e finalmente ligar os jardins de ervas e os bancos de genes existentes, bem como os espécimes de referência nos herbários, para garantir que as 540 espécies de importância nos principais sistemas clássicos, bem como as fornecidas ao mercado internacional, sejam protegidas em reservas ex-situ. Isto exige um planeamento estratégico, uma vez que a gama de germoplasma obtida para cada espécie deve ser representativa. As colecções de plantas devem evoluir de colecções de referência de espécies para colecções de recursos genéticos.

5.11. Promoção e desenvolvimento da transformação de produtos de base vegetal

A promoção e o desenvolvimento da transformação de produtos de origem vegetal ganharam um novo impulso devido a certas realidades do terreno

➤ O consumismo ecológico e o atual ressurgimento do interesse pela utilização de produtos "naturais" nos países desenvolvidos.

➤ A economia de mercado livre traz mais abertura e expande o mercado e a procura de novos recursos, materiais e produtos

➤ Uma crescente aceitação da responsabilidade social de minimizar as desigualdades socioeconómicas a favor das populações rurais, o que resulta na criação de mais oportunidades de emprego e de rendimento para as pessoas pobres.

➤ As más condições económicas nos países em desenvolvimento restringem as importações, aumentando assim a dependência de medicamentos que utilizam recursos vegetais locais.

➤ Aumentar a sensibilização para a conservação da biodiversidade e para a utilização sustentável e protetora dos recursos vegetais.

➤ Procura de novos produtos fitofarmacêuticos para a prevenção e cura de doenças mortais como o cancro e a SIDA.

5.12. Produtos de valor acrescentado a partir de plantas medicinais

5.12.1. Importância das plantas medicinais e aromáticas e da agricultura sustentável na Índia

A Índia é uma terra de zonas climáticas, étnicas, culturais e linguísticas variadas, com uma população que ronda os mil milhões de habitantes. O país está dividido em dez zonas biogeográficas: Trans-Himalaia, Himalaia, desertos indianos, zonas semi-áridas, Ghats ocidentais, planícies do Ganges, nordeste da Índia, ilhas e costas. O país possui todas as gamas de clima (alpino a tropical) e de altitude (do nível do mar a 6.000 m). A área florestal registada no país é de cerca de 63,73 Mha, o que representa 19,39% da sua área total. A região é também um dos locais das primeiras civilizações conhecidas pelo homem. Desde a antiguidade, a Índia é conhecida pelos seus ricos recursos que provocaram uma série de invasões e levaram a sua riqueza e conhecimento a diferentes partes do mundo. O consumo anual per capita de medicamentos no país é de cerca de 3 dólares, o mais baixo do mundo, principalmente porque ainda prevalecem no país medicamentos tradicionais baseados num sistema de medicina antigo e sólido. No contexto do crescimento do mercado nacional e internacional de plantas medicinais, a Índia está bem ciente da conservação e da utilização sustentável dos seus recursos naturais.

As plantas medicinais ocupam uma posição importante no domínio sociocultural, dos cuidados de saúde e espiritual da população rural da Índia. Sabe-se que "Saúde para todos" continua a ser um sonho distante para a Índia. Com o aumento da esperança de vida e os problemas de sobrepopulação, poluição do ar e da água, os problemas de saúde, como as doenças degenerativas, o stress, as alergias, a diabetes, a artrite osteorreumática, as perturbações neurológicas e da memória, são susceptíveis de aumentar. Esta situação pode afetar a qualidade de vida, a produtividade e o bem-estar das gerações futuras. A Índia tem uma enorme vantagem comparativa no sector das plantas medicinais e aromáticas (PAM) em relação a outros países, uma vez que é um dos 12 mega centros de biodiversidade e possui 7% da biodiversidade mundial. A Índia possui plantas medicinais desde os Himalaias até ao seu ecossistema marinho e desde o deserto até às florestas tropicais. A maioria das plantas medicinais e aromáticas é colhida na floresta ou em fontes selvagens não cultivadas, mas com o aumento das pressões abióticas e bióticas sobre o habitat natural, várias espécies estão a ficar em perigo ou ameaçadas. Consequentemente, é cada vez mais difícil satisfazer a procura do sector das plantas aromáticas em constante crescimento, o que torna as fontes naturais vulneráveis. Além disso, as plantas aromáticas estão ligadas aos meios de subsistência das populações mais pobres do país.

5.12.2. Medicamentos tradicionais - tecnologia moderna

Os medicamentos para uso interno preparados da maneira tradicional envolvem métodos simples, como a extração de água quente ou fria, a expressão de sumo após esmagamento, o pó de material seco, a formulação de poder em pastas através de um veículo como água, óleo ou mel, e até mesmo a fermentação após a adição de uma fonte de açúcar. A gama de produtos que podem ser obtidos a partir de plantas medicinais é apresentada na **Figura 5.8**.

Os medicamentos tradicionais à base de plantas eram produzidos segundo métodos antigos pelo próprio médico, que era capaz de identificar as espécies de plantas correctas. Esta prática de o médico tradicional distribuir os seus próprios medicamentos está a ser gradualmente transferida para as farmácias de plantas medicinais, que têm fins lucrativos. Consequentemente, não há garantia da autenticidade e da quantidade de material vegetal utilizado nas preparações. A qualidade dos medicamentos tradicionais assim produzidos varia muito e pode nem sequer ser eficaz. Por conseguinte, é necessário selecionar tecnologias adequadas e apropriadas para a produção industrial de medicamentos tradicionais, de modo a manter a eficácia da preparação. Os métodos tradicionais utilizados têm muitas desvantagens que podem ser corrigidas através da seleção das tecnologias adequadas. É necessário referir que os métodos tradicionais dependiam do estado da tecnologia disponível na altura. Por conseguinte, estes podem ser modificados e melhorados utilizando as tecnologias disponíveis atualmente para os tornar mais eficazes, estáveis, reprodutíveis, controlados e em formas de dosagem que possam ser facilmente transportadas ou levadas para o consultório. Por conseguinte, deve ser incentivada a introdução de tecnologias adequadas, simples e de baixo custo, mantendo tanto quanto possível a natureza de mão de obra intensiva dessas actividades, a conservação da biodiversidade através da produção em pequena escala e a preservação dos conhecimentos culturais. A utilização de tecnologias modernas sofisticadas afastará os praticantes tradicionais, uma vez que não têm qualquer controlo sobre esses métodos de produção. Mesmo com a utilização de tecnologias adequadas, o profissional que produz estes medicamentos tem de ser instruído sobre as vantagens da utilização de tais métodos de produção e de controlo da qualidade. Uma grande preocupação na introdução de tecnologia moderna para a produção de medicamentos tradicionais é se a preparação final será aceitável para o médico que confia exclusivamente em preparações extemporâneas. Este problema tem de ser ultrapassado através de um processo de educação, através do qual se podem transmitir as desvantagens dos métodos antigos e as vantagens dos novos métodos.

O valor das plantas medicinais como fonte de divisas para os países em desenvolvimento depende da utilização dessas plantas como matérias-primas na indústria farmacêutica. Estas matérias-primas são utilizadas para:

- Isolar compostos activos puros para formulação em medicamentos (guinini, reserpina, digoxina, etc.)
- Isolar os intermediários para a produção de medicamentos semi-sintéticos
- Preparar galénicos normalizados (extractos, pós, tinturas, etc.) Para produzir um fitofármaco puro conhecido, utilizado na medicina moderna, são necessárias mais fases de processamento e maquinaria mais sofisticada. Além disso, há que ter em conta os aspectos de segurança e poluição.

Certas plantas são fontes ricas de produtos intermédios utilizados na produção de medicamentos. A transformação primária de partes de plantas que contêm o intermediário poderia ser efectuada no país de origem, conservando assim algum valor do recurso material. Os produtos transformados (galénicos) de plantas podem ser extractos fluidos/sólidos normalizados, pós ou tinturas.

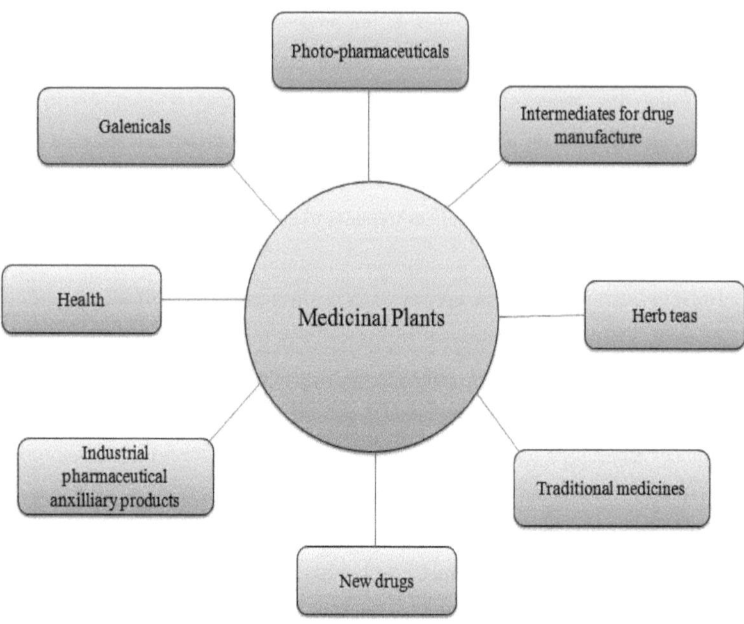

Figura 5.8. Utilizações industriais das plantas medicinais

Os extractos normalizados de muitas plantas são amplamente utilizados nos cuidados de saúde. Alguns deles têm de ser formulados para incorporação em formas de dosagem modernas. Novas formulações requerem algum trabalho de desenvolvimento, particularmente devido à natureza dos produtos processados. Os extractos de plantas são difíceis de granular, sensíveis à humidade e propensos à contaminação microbiana. Por conseguinte, é necessário determinar os tipos de excipientes a utilizar e os parâmetros de processamento.

5.12.3. Garantia de qualidade e preparação de normas

O controlo da qualidade das matérias-primas, dos produtos acabados e dos processos é uma necessidade absoluta se se pretende produzir bens para o mercado mundial e para o consumo humano. Existem especificações normalizadas internacionais para alguns produtos transformados e alguns países e compradores têm os seus próprios requisitos. Os requisitos de qualidade para as preparações de plantas medicinais são rigorosos em termos de conteúdo de princípios activos e materiais tóxicos. Enquanto que a produção de medicamentos tradicionais para uso local não requer normas tão rigorosas, o que é produzido será uma versão muito mais aperfeiçoada dos medicamentos já produzidos utilizando métodos tradicionais. A qualidade tem de ser integrada em todo o processo, desde a seleção do material de propagação até ao produto final que chega ao consumidor. Trata-se, portanto, de um sistema de gestão em que todas as etapas envolvidas no processo de utilização industrial têm de ser correcta e rigorosamente controladas para produzir os produtos de qualidade desejados. Todos os elementos da Gestão da Qualidade Total (TQM) têm de ser introduzidos em qualquer projeto industrial. Os requisitos para a certificação ISO 9000 e as Boas Práticas de Fabrico (BPF) têm de ser introduzidos e o pessoal tem de ser formado para que as empresas possam introduzir os sistemas adequados necessários para a certificação. Além disso, serão necessários procedimentos de eco-auditoria (ISO 14000) que conduzam à rotulagem ecológica para salvaguardar os danos ambientais.

5.12.4. Registo e direitos de propriedade

A OMS publicou directrizes para a avaliação dos medicamentos à base de plantas, tendo em conta a sua longa e extensa utilização (OMS, 1999). Estas directrizes devem encorajar os países em desenvolvimento a flexibilizarem alguns dos regulamentos actuais para serem realistas no reconhecimento do papel dos medicamentos tradicionais na prestação de cuidados de saúde nos seus países. Deve tentar-se identificar as práticas e os conhecimentos tradicionais em matéria de saúde relacionados com o processo e os produtos das plantas medicinais e a informação deve ser digitalizada e colocada em computador. Sempre que possível, podem ser obtidas patentes para os processos e produtos das plantas medicinais. A questão vital do direito de propriedade dos países em desenvolvimento para a utilização do know-how e dos recursos genéticos no desenvolvimento de medicamentos modernos deve ser discutida e deve ser encontrada uma solução final.

5.12.5. Comercialização

A comercialização é um problema insuperável que afecta o desenvolvimento da indústria de produtos vegetais nos países em desenvolvimento e a comercialização será um fator crucial para determinar o fracasso ou o sucesso destas indústrias. As saídas de mercado podem ser para uso local e para exportação. No caso da utilização local, alguns produtos podem chegar diretamente ao consumidor, enquanto outros têm de ser transformados ou utilizados como componentes secundários noutros produtos industriais. Assim, as indústrias utilizadoras têm de ser promovidas de modo a que os extractos produzidos localmente possam ser utilizados para poupar as divisas estrangeiras necessárias para a importação desses aditivos. A transformação posterior para obter produtos de valor acrescentado será limitada pela situação da procura local, a menos que possam ser produzidos a preços competitivos no mercado mundial. Mesmo que o custo de produção seja baixo e a qualidade dos produtos seja boa, é necessário efetuar uma promoção substancial do mercado para penetrar no mercado mundial. Uma compreensão clara das questões relacionadas com a oferta e dos factores que determinam a procura e a dimensão do mercado das plantas medicinais é um passo vital para planear a conservação e a utilização sustentável dos habitats destas plantas, bem como para assegurar a disponibilidade contínua dos ingredientes básicos utilizados para satisfazer as necessidades de saúde da maioria da população mundial.

5.13. Perspectivas e limitações futuras Perspectivas

1. As plantas medicinais e os seus derivados continuarão a desempenhar um papel importante na terapia médica, apesar dos avanços na tecnologia química e do aparecimento de moléculas baratas, sintetizadas e complexas a partir de moléculas simples através de mecanismos de reação altamente específicos. A reação envolvida é difícil ou dispendiosa de duplicar através do método químico clássico. Por exemplo, no caso da vitamina A, da disogenina e da solasodina das plantas, em que são possíveis formas esteáricas, a síntese química produz uma mistura de isómeros que

pode ser difícil de separar. O produto obtido por síntese pode, por conseguinte, ser tóxico ou ter um efeito terapêutico diferente do obtido na natureza.

2. O desenvolvimento de medicamentos a partir de plantas medicinais é menos dispendioso do que o desenvolvimento de medicamentos sintéticos. A reserpina é um bom exemplo deste facto. A síntese da reserpina custa aproximadamente 1,25 rupias/g, ao passo que a extração comercial da planta custa apenas 0,75 rupias/g.

3. Tem-se registado um enorme aumento da procura de ervas medicinais e drogas vegetais fitofarmacêuticas de origem indiana por parte dos países ocidentais. Verifica-se igualmente um aumento da procura interna de matérias-primas utilizadas em perfumarias, farmácias e unidades biopesticidas. A procura de medicamentos tradicionais à base de plantas também está a aumentar rapidamente, principalmente devido aos efeitos nocivos dos medicamentos químicos sintéticos e também devido a uma expansão das farmácias que fabricam formulações de medicamentos naturais.

4. A Índia é uma fonte de mão de obra barata e de mão de obra qualificada que absorve facilmente as mudanças tecnológicas e as adopta.

5. Além disso, estas culturas têm muitas virtudes, como a resistência à seca e a capacidade de crescer em terras marginais. São relativamente isentas de danos causados pelo gado e, por conseguinte, podem ser cultivadas de forma rentável em zonas onde o gado vadio, os animais selvagens ou os furtos constituem um problema grave. Atualmente, as plantas medicinais são mais rentáveis do que muitas das culturas arvenses. Uma vez que se trata de novas culturas, existe uma enorme margem para melhorar a sua produtividade e adaptabilidade, a fim de obter um maior aumento dos rendimentos. São adequadas para serem incorporadas em vários sistemas de cultura, como o cultivo intercalar, o cultivo misto e o cultivo em vários níveis.

5.13.1. Restrições

1. Embora a Índia seja um dos principais exportadores de plantas medicinais do mundo, a taxa de crescimento destas culturas em relação às suas perspectivas económicas não é de todo satisfatória. As razões para este aparente atraso são múltiplas e variadas.

2. Apesar do impulso dado pelo governo da Índia através de instituições como o Centro de Plantas Medicinais e Aromáticas (CIMAP): os Laboratórios Regionais de Investigação (LRR), em Jammu, Bhubaneshwar e Jorhat; a Direção de Plantas Medicinais e Aromáticas (DMAPR), os Jardins Botânicos Nacionais, os institutos de investigação florestal, as Direcções Estaduais de Chinchona em Tamil Nadu e

Bengala Ocidental, a reposição de insumos renováveis, como material de plantação de qualidade de variedades melhoradas, o desenvolvimento de literatura de extensão, a organização de formação e testes de qualidade, são muito limitados devido ao número de plantas medicinais, bem como às suas utilizações divergentes.

3. O outro grande obstáculo é a comercialização da matéria-prima cultivada, devido a considerações de qualidade. A falta de instalações de ensaio nos centros de aquisição e de comercialização, juntamente com a manipulação pouco escrupulosa do mercado, resulta em grandes flutuações de preços, que frequentemente descem para níveis não económicos e irrealistas. Assim, o comércio especulativo tem sido um dos principais factores de dissuasão do desenvolvimento desta empresa.

4. O cultivo sistemático de algumas plantas medicinais foi considerado um empreendimento desencorajador, principalmente devido ao preço antieconómico que estas plantas praticam. Por exemplo, o preço de venda da Phyllanthus amarus é tão baixo como Rs.10/kg, o que a torna uma proposta comercialmente inviável. É necessário que a indústria utilizadora se apresente e garanta que o produto cultivado será homogéneo, em comparação com os produtos colhidos em fontes naturais, onde existe a possibilidade de uma grande variação.

5. Embora a maior parte delas sejam culturas orientadas para a indústria, o padrão das explorações fundiárias não se presta ao cultivo comercial em grande escala. No caso de algumas plantas, nomeadamente aonla, asoka, arjun, bael, noz-moscada e neem, o cultivo implica um longo período de gestação, pelo que muitos agricultores se mostram relutantes em cultivá-las.

6. Conclusão

Os efeitos hepatoprotectores do presente estudo contra substâncias que danificam o fígado parecem apoiar a utilização de extractos de plantas medicinais na medicina tradicional. A investigação futura sobre estas plantas medicinais deve ser examinada, uma vez que podem fornecer novos pontos de vista sobre o número limitado de medicamentos atualmente disponíveis para as doenças do fígado ou os seus sintomas. O fígado desempenha um número impressionante de actividades críticas para a manutenção e funcionamento do organismo. A secreção da bílis, a desintoxicação e o metabolismo dos lípidos, das proteínas e dos hidratos de carbono são algumas das suas principais tarefas. Por conseguinte, manter uma boa saúde do fígado é fundamental para a saúde e o bem-estar geral. Infelizmente, o consumo de álcool, os maus hábitos alimentares, a utilização de medicamentos com e sem receita médica e a exposição a toxinas ambientais podem danificar e enfraquecer o fígado, conduzindo eventualmente a cirrose, hepatite e doença hepática alcoólica. Atualmente, o tratamento convencional centra-se na utilização de ingredientes naturais, como as ervas, para proporcionar ao fígado os cuidados diários necessários. Muitas destas plantas foram testadas em ensaios clínicos e está em curso uma investigação fitoquímica para compreender melhor os seus efeitos. De acordo com o livro, os compostos fisiologicamente activos derivados de extractos de ervas podem ser pontos de partida úteis para medicamentos hepatoprotectores que sejam eficazes e bem direccionados.

Referências:

Paul Heroux (2013). Princípios de Toxicologia. Curso OCCH612 da Universidade McGill. http://www.invitroplus.mcgill.ca/Ftp/Toxicology Notas do curso 2013.pdf

Deborah Kioy. Programa Especial de Investigação e Formação em Doenças Tropicais (TDR). UNICEF/PNUD/Banco Mundial/OMS.

Jeanna M Marraffa (2017). Visão geral da toxicologia. Livro 2 do PedSAP. Emergências Pediátricas.

Biruh Alemu e Ato Mistire Wolde (2007). Toxicologia. Iniciativa de Formação em Saúde Pública da Etiópia.

Dale A Stirling (2006). History of toxicology and allied sciences: a bibliographic review and guide to suggested readings.

Philip C Burcham (2014). Uma introdução à toxicologia. Springer. ISBN 978-1-4471-5552-2.

Printed by Books on Demand GmbH, Norderstedt / Germany